Alles über Schwerhörigkeit

Leben mit dem Hörverlust

Hörgeräte: Typen und Preise

Besser hören

Verein für Konsumenteninformation
S. Hirzel Verlag

Wenzel Müller

Herausgeber
Verein für Konsumenten-information (VKI)
Mariahilfer Straße 81
A-1061 Wien
Tel.: (01) 588 770
Fax: (01) 588 77 73
E-Mail: konsument@vki.or.at
Internet: www.konsument.at

Geschäftsführung
Dipl.-Ing. Hannes Spitalsky
Dr. Martin Prohaska

Mitherausgeber
S. Hirzel Verlag
Birkenwaldstraße 44
D-70191 Stuttgart

Autor
Mag. Wenzel Müller

Fachliche Beratung
Prim. Prof. Dr. Klaus Albegger, Landeskrankenhaus Salzburg, HNO-Abteilung, 5020 Salzburg
Dr. Barbara Schenk, Allgemeines Krankenhaus Wien, HNO-Abteilung, 1090 Wien
Prim. i.R. Prof. Dr. Hans Schobel, HNO-Facharzt, 3101 St. Pölten
Toni Egger, Schwerhörigenschule Wien, 1220 Wien
Andreas Loley, Hörgeräte-Akustiker, 1150 Wien
Ing. Franz Jank, Selbsthilfegruppe Cochlea Implantat, 1160 Wien

Redaktion und Lektorat
Dr. Elisabeth Spanlang

Produktion
Josef Wolf
Kurt Paulitsch (DTP)

Grafische Gestaltung und Illustrationen
Erwin Haberl

Umschlaggestaltung Österreich
Erwin Haberl

Umschlaggestaltung Deutschland
Nils Hoffmann

Druck
Graphische Kunstanstalt
Otto Sares GmbH
A-1060 Wien

Einzelbestellung in Österreich
Verein für Konsumenten-information
Postfach 441
A-1061 Wien
Tel.: (01) 588 774
Fax: (01) 588 77 72
E-Mail: hpitsch@vki.or.at

Die Deutsche Bibliothek – CIP-Einheitsaufnahme

Ein Titeldatensatz für diese Publikation ist bei der Deutschen Bibliothek erhältlich.

Ausgabe für Österreich
ISBN 3-901359-93-1

Ausgabe für Deutschland
ISBN 3-7776-1158-1

Liebe Leserin, lieber Leser!

Was denn für sie schlimmer sei, wurde die amerikanische Autorin Helen Keller (1880 – 1968) einmal gefragt, blind oder taub zu sein? Da brauchte sie nicht lange zu überlegen. Natürlich taub!

Sie musste es wissen. Mit 19 Monaten verlor Keller sowohl ihren Seh- als auch ihren Hörsinn. Nicht-Sehen trennt von den Dingen, Nicht-Hören jedoch von den Menschen. Das hatte schon der Philosoph Immanuel Kant geschrieben.

Schlecht hören stellt aber nicht nur ein medizinisches, sondern vor allem ein psychologisches und soziales Problem dar. Auch das möchten wir in diesem Ratgeber aufzeigen.

Unsere Ohren sind immer auf Empfang. Ähnlich wie unser Herz, das ständig schlägt, können auch sie höhere Leistungen bringen, aber nicht längere Zeit im Bereich der oberen Leistungsgrenze funktionieren, ohne Schaden zu nehmen. Eine stete und leider oft schlecht abzustellende Qual ist für sie der ganz alltägliche Lärm, der in unserer modernen Welt ständig zunimmt. Einmal durch zu hohe Lärmpegel abgestorbene Sinneszellen im Innenohr können nicht wieder nachwachsen – sie hinterlassen eine Lücke für immer, gegen die selbst die Hightech-Medizin machtlos ist.

Die Medizin hat in den letzten Jahren große Fortschritte gemacht. Wir wollen zeigen, was sie kann – aber auch, wo sie machtlos ist, um erst gar nicht falsche Illusionen aufkommen zu lassen.

Dieser Ratgeber hilft Ihnen – ob als Betroffener oder Angehöriger – das Problem Schwerhörigkeit besser zu verstehen. Und er räumt mit falschen Vorstellungen auf. So glauben nicht wenige, eine Hörbeeinträchtigung sei mit Hörgeräten problemlos zu korrigieren. Stimmt aber nicht! Viele Schwerhörige bleiben trotz technischer Hilfe in bestimmten Situationen praktisch gehörlos. Das sollten Gut- wie Schlechthörende gleichermaßen wissen, um sich auf die Situation entsprechend einstellen zu können.

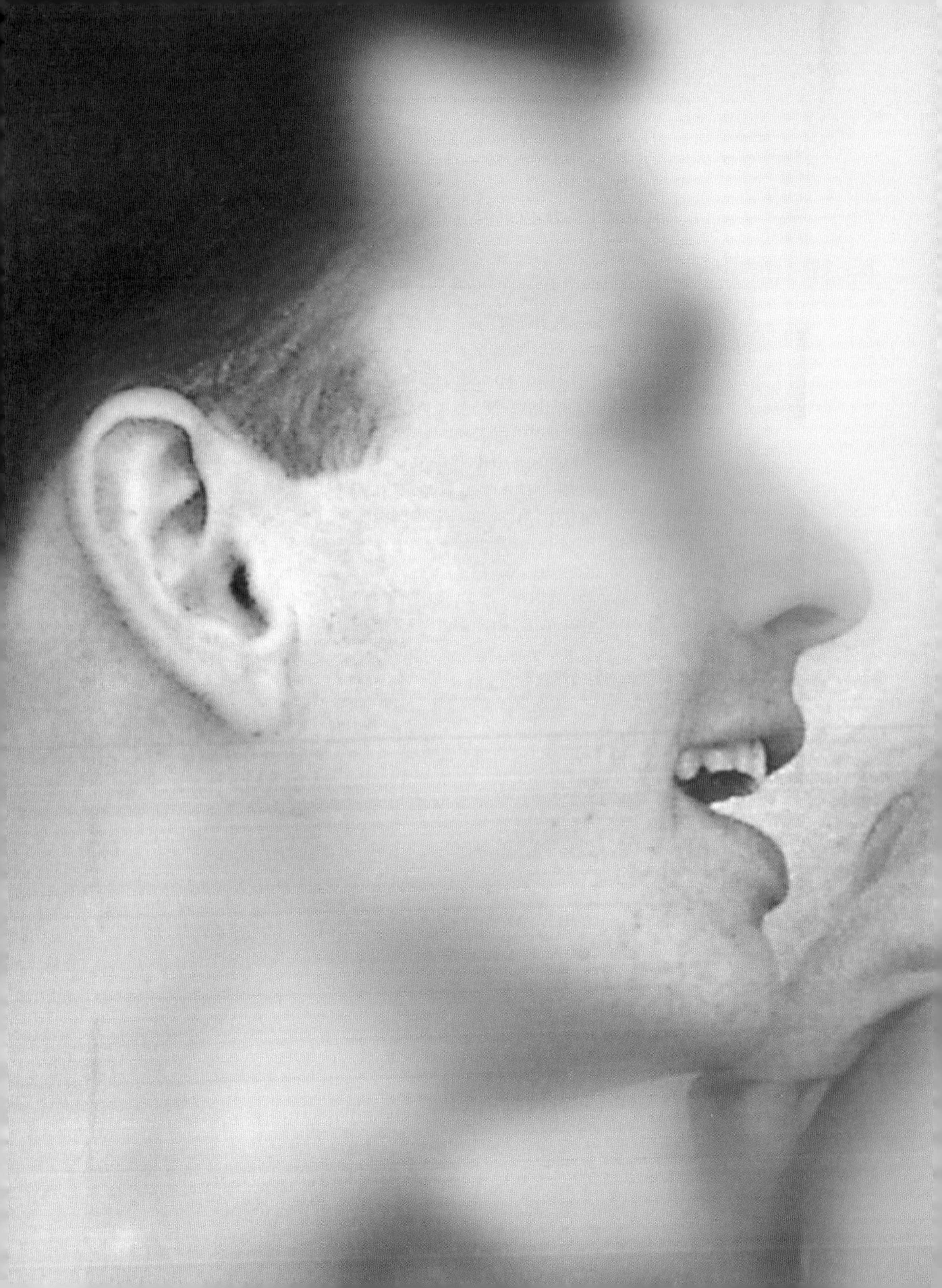

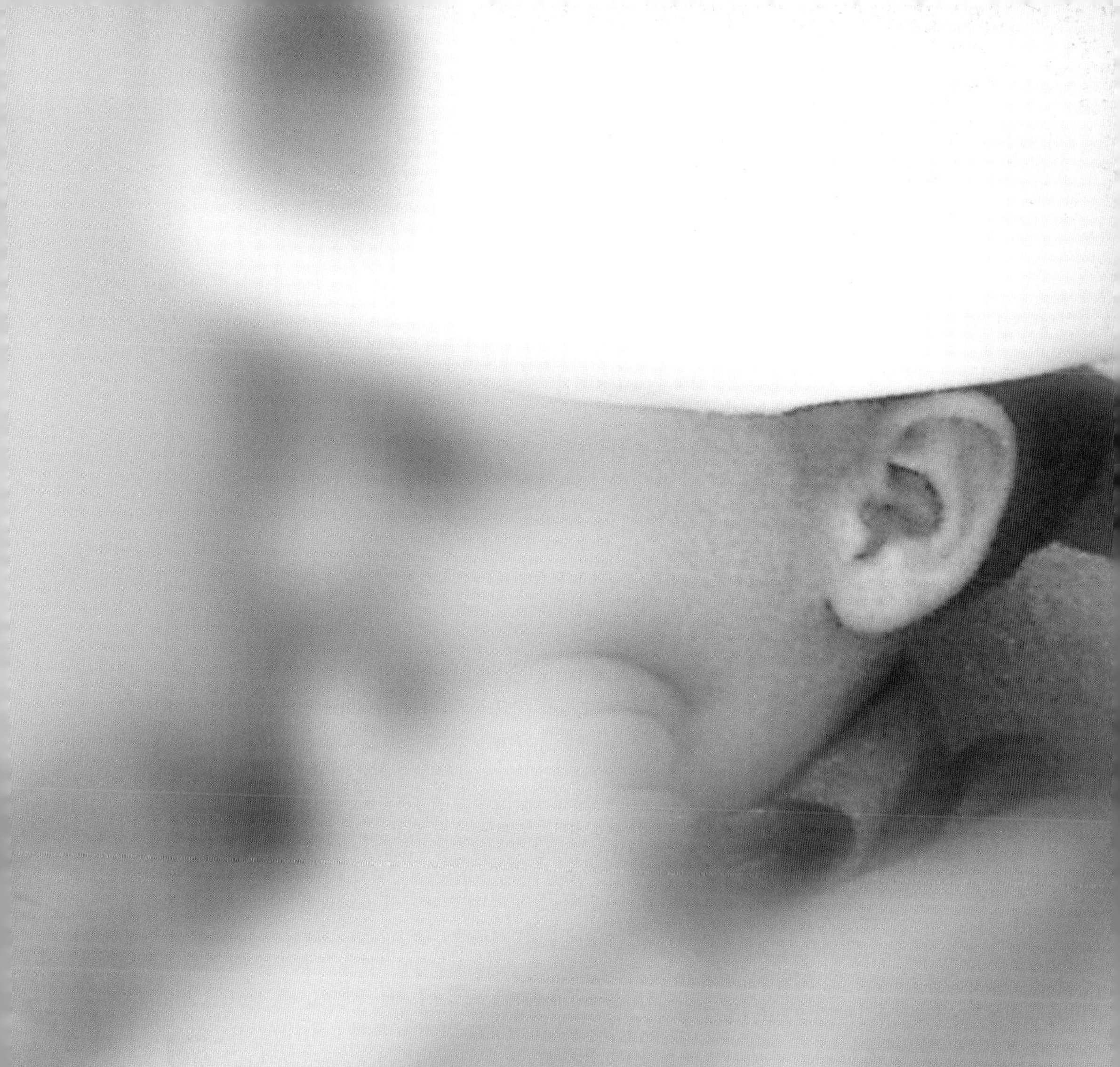

Das Ohr

Der Gehörsinn ist einer unserer wichtigsten Sinne. Er erschließt die Ferne und öffnet uns das Tor zur Welt.

Foto: Arc

Tor zur Welt

Betrachten wir zunächst das gesunde Ohr. Es ist, ob wir wollen oder nicht, immer im Dienst. Auch in der Nacht. Die Augen können wir schließen, nicht aber die Ohren. So ist stets ein Kontakt nach außen gegeben.

Über das Ohr sind wir jederzeit erreichbar. Schon das leise Wimmern eines Babys weckt seine Mutter auf. Das ist eine der vielen wunderbaren Fähigkeiten unseres Hörorgans, dass es selektiv wahrnehmen kann: Eine Mutter hört ihr Kind sofort. Den möglicherweise gleichzeitig viel lauteren Verkehrslärm nimmt sie dagegen nicht (bewusst) wahr.

Lange Zeit nahmen Biologen an, dass sich die höchste Konzentration der Nervenendungen in den Geschlechtsorganen finden würde. Heute weiß man, dass sie sich im Innenohr befindet. Damit weist dieses Organ die dichteste Wahrnehmungsfülle im menschlichen Körper auf. Offensichtlich hat die Evolution dem Ohr eine besondere Bedeutung zugedacht, was nicht zuletzt auch daran ersichtlich ist, dass das Innenohr, eingebettet in den härtesten menschlichen Knochen, das Felsenbein, besonders geschützt ist.

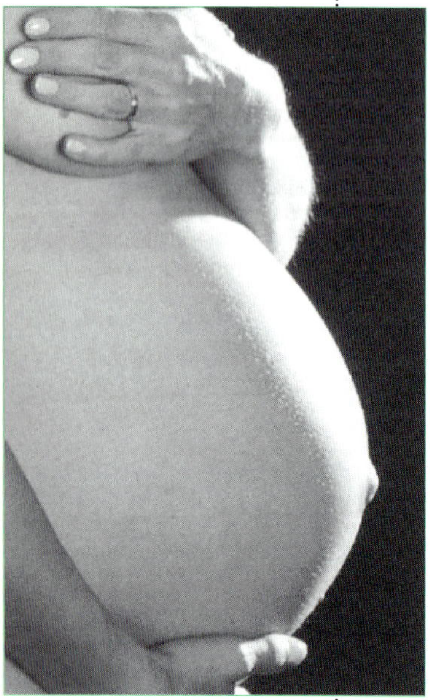

Foto: Archiv

Tolle Sache: Lange bevor sie geboren werden, können Babys hören.

Das ungeborene Kind hört, bevor es sieht. Bereits viereinhalb Monate nach der Befruchtung ist das Innenohr in seiner vollständigen Größe ausgebildet. Schon vor der Geburt ist es fertig entwickelt und funktionsfähig. Die Hörzellen müssen von da an ein Leben lang intakt bleiben.

Ab der 28. Schwangerschaftswoche reagiert das werdende Kind auf bestimmte Geräusche, wie man etwa an Änderungen des Herzrhythmus erkennen kann. Allerdings hört es noch nicht wie ein Erwachsener. Vor allem die Geräusche im mütterlichen Körper werden relativ gut auf das Baby übertragen, besonders der Herzschlag und die Stimme der Mutter. Aus der Außenwelt empfängt es insbesondere tiefe Töne. (Die Sterbeforschung hat herausgefunden, dass der Hörsinn als letzter aller menschlichen Sinne erlischt.)

Der Hörsinn zählt zusammen mit dem Sehsinn zu den so genannten Fernsinnen: Sie öffnen uns die Ferne. Dagegen sind die Nahsinne Geruch und Geschmack auf die physische Berührung mit der jeweiligen Reizquelle angewiesen. Der Hautsinn nimmt eine Art Mittelposition zwischen Fern- und Nahsinn ein, je nachdem, ob es mehr um das Tasten oder die Aufnahme von Vibrationen geht.

Die Verarbeitung akustischer Reize ist, hirnphysiologisch gesehen, die intensivste Tätigkeit im Vergleich zum Umsetzen der anderen Reize. Mit intensiv ist gemeint, dass unsere Hörzellen im Hirn auf Reize von außen reagieren können, deren Energiemenge zehnmillionenmal kleiner ist als diejenige Reiz-Energie-Menge, die für die Wahrnehmung einer Berührung über die Haut nötig ist.

Farben hören

Es gibt Menschen, die können Farben hören oder Namen sehen. Es sind so genannte Synästhetiker (Synästesie = griechisch: Mitempfindung). Bei ihnen vermischen sich die Signale zweier Sinne. Als spränge ein Funke über, ruft ein Impuls in dem einen Wahrnehmungssystem unweigerlich ein Echo in dem anderen hervor. So kann es bei ihnen auch etwa beim Tasten zu Geruchsempfindungen kommen. Ein Phänomen, das in der Literatur vor allem die Romantiker dargestellt haben.

In unserer industrialisierten Welt ist der Sehsinn zum wichtigsten aller Sinne geworden. Dabei ist unser Hörsinn in der Wahrnehmung viel genauer und leistungsfähiger. Zum Vergleich: Das Auge erfasst einen Bereich von etwa einer Oktave, das Ohr indessen von immerhin zehn Oktaven (setzt man einmal sowohl Licht als auch Töne als Manifestationen von Wellenlängen gleich). Deshalb heißt es auch oft: Das Auge schätzt, während das Ohr misst.

Außerdem ist das Ohr siebenmal schneller als das Auge. Wenn wir genauso schnell sehen wie hören könnten, würden wir beim Fernsehen nur Punkte und Striche erkennen.

Das Gleichgewichtsorgan ist Teil des Innenohrs.

Mit unserem Ohr halten wir uns zudem aufrecht. Das Innenohr ist nämlich auch Sitz unseres Gleichgewichtsorgans. Es war der 1920 in Nizza geborene Hals-Nasen-Ohren-Arzt Dr. Alfred Tomatis, der in den Fünfzigerjahren die zentrale Bedeutung des Ohrs als Gleichgewichtsorgan betonte. Seine These: Durch akustische Stimulation können Muskeln, Motorik, Haltung und vielerlei Spannungszustände des Menschen beeinflusst und kuriert werden. Er entwickelte ein spezielles Hörtraining, das wieder zurück zum harmonischen aufrechten Gang verhelfen sollte.

Aber nicht nur die Muskeln, auch die Großhirnrinde könne, so eine weitere These von Tomatis, über das Gehör gezielt stimuliert werden – das Ohr als Energiespender und Stromlieferant für das Gehirn. Durch ein bestimmtes Horchtraining sei es möglich, für geistige Wachheit und überhaupt für Wohlbefinden zu sorgen.

Der Hörvorgang

Das Piepsen eines Weckers, das Zwitschern eines Vogels, das Rauschen eines Baumes – die akustische Welt ist mannigfaltig, und die unterschiedlichen Signale haben für uns eine jeweils andere Bedeutung. Es gibt auch Geräusche, die regelrecht weh tun und bei denen wir uns instinktiv die Ohren zuhalten.

Ob Musik, ein Gespräch oder Lärm: Für den Physiker handelt es sich in allen Fällen um „periodische Schwankungen des Luftdrucks". Töne sind nichts anderes als Schallwellen, die sich in der Luft fortpflanzen und von uns entschlüsselt werden.

Ohne Schallwellen keine menschliche Kommunikation.

Ein Blatt, das sich bewegt, sendet ebenso mechanische Wellen aus wie ein Mensch, der spricht. Wegen der Elastizität der Luft breiten sich diese lokalen Erhöhungen des Drucks mit Schallgeschwindigkeit aus, also mit rund 330 Metern pro Sekunde. Im ersten Fall nehmen wir ein Blattrauschen wahr, im anderen Sprache. Die Schallwellen sind das eigentliche Medium der menschlichen Kommunikation.

Machen wir einen kurzen Ausflug in die Physik und erklären einige Begriffe: Wellen sind physikalische Vorgänge. Sie breiten sich räumlich und zeitlich aus. Nun kann der Mensch allerdings nicht alle Schallwellen wahrnehmen, sondern nur jene, die in einem bestimmten Frequenzbereich (Frequenz: Zahl der Schwingungen pro Sekunde) liegen: tiefe Töne bis zu 16 Schwingungen pro Sekunde = 16 Hertz (16 Hz) und hohe Töne bis zu 20.000 Schwingungen pro Sekunde = 20.000 Hertz (20.000 Hz). Dieser Frequenzbereich wird auch als Hörschall bezeichnet.

Ultraschall und Infraschall

Der menschliche Hörapparat kann nur Schallwellen aufnehmen, die zwischen den Frequenzen 16 und 20.000 Hz liegen. Schwingungen, die darüber liegen, bezeichnet man als Ultraschall, jene, die darunter liegen, als Infraschall. Beide Bereiche kann der Mensch nicht wahrnehmen. Viele Säugetiere hören dagegen auch Töne im Ultraschallbereich. So haben beispielsweise die Fledermäuse und Delfine ein phantastisches System der Echo-Ortung entwickelt. Brieftauben nehmen tiefe Töne bis 0,05 Hz wahr. Elefanten nutzen den Infraschall vor allem für Alarmrufe, wenn sie angegriffen werden. So können sie Artgenossen warnen, die viele Kilometer von ihnen entfernt sind.

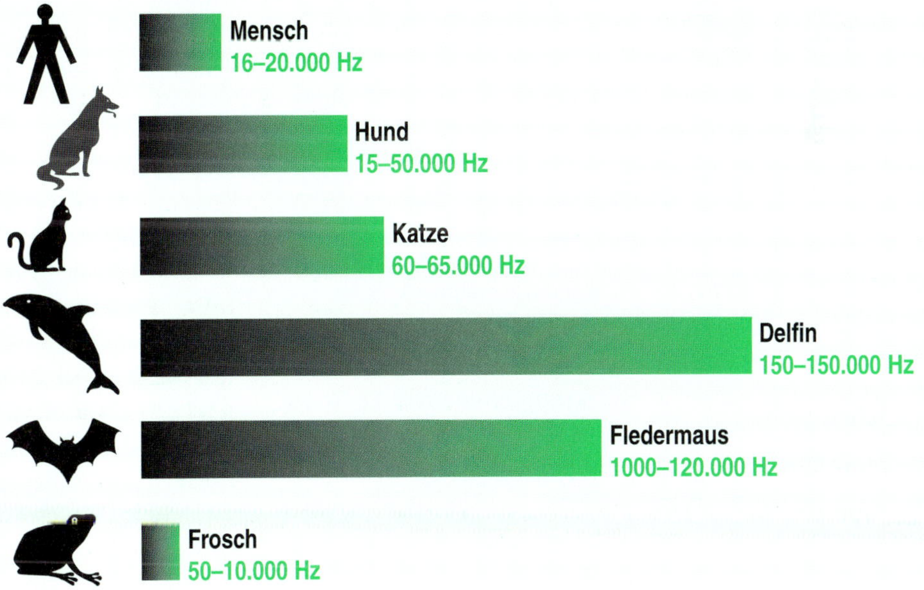

Neben der Frequenz ist für das Hörempfinden noch eine weitere physikalische Größe entscheidend: die Lautstärke, oder, physikalisch exakt ausgedrückt, der Schalldruckpegel. Er wird in der Einheit Dezibel (dB) angegeben, die Skalierung reicht von 0 bis 120 dB. Die menschliche Stimme hat etwa die Stärke von 60 dB, ein Flugzeug von etwa 120 dB. Das eine empfinden wir als normal, das andere als unangenehm laut.

Geräusche und Töne lösen ein unbehagliches Gefühl aus, wenn sie zu laut sind. Diese obere Grenze des angenehmen Hörens bezeichnet man als Unbehaglichkeitsgrenze. Verursacht die Lautstärke geradezu Schmerzen, so ist die so genannte Schmerzgrenze erreicht. Um an sie zu stoßen, genügt bei hohen Frequenzen ein geringerer Schalldruck als bei niedrigen Frequenzen.

Die Hörschwelle dagegen bezeichnet jenen Wert, ab dem man überhaupt etwas hört. Für die unterschiedlichen Frequenzen sind dafür unterschiedliche Schalldruckpegel nötig. Den Bereich zwischen Hörschwelle und Schmerzgrenze nennt man Hörfläche.

Ton, Geräusch, Klang, Rauschen

Reine Töne, die durch eine einzige Schwingungszahl definiert sind, kommen in der Natur nicht vor, können aber durch elektroakustische Geräte erzeugt werden. Am häufigsten haben wir es im Leben mit Geräuschen zu tun – mit einem Gemisch aus Schallwellen, die unterschiedliche Schwingungszahlen aufweisen. Von Klang sprechen wir, wenn die Töne in einem harmonischen Verhältnis zueinander stehen (beispielsweise ein Dreiklang, eine Terz). Rauschen stellt eine Sonderform des Geräuschs dar, bei welcher die verschiedenen Frequenzen zwar auch regellos auftreten, aber statistisch mehr oder weniger gleichmäßig verteilt sind.

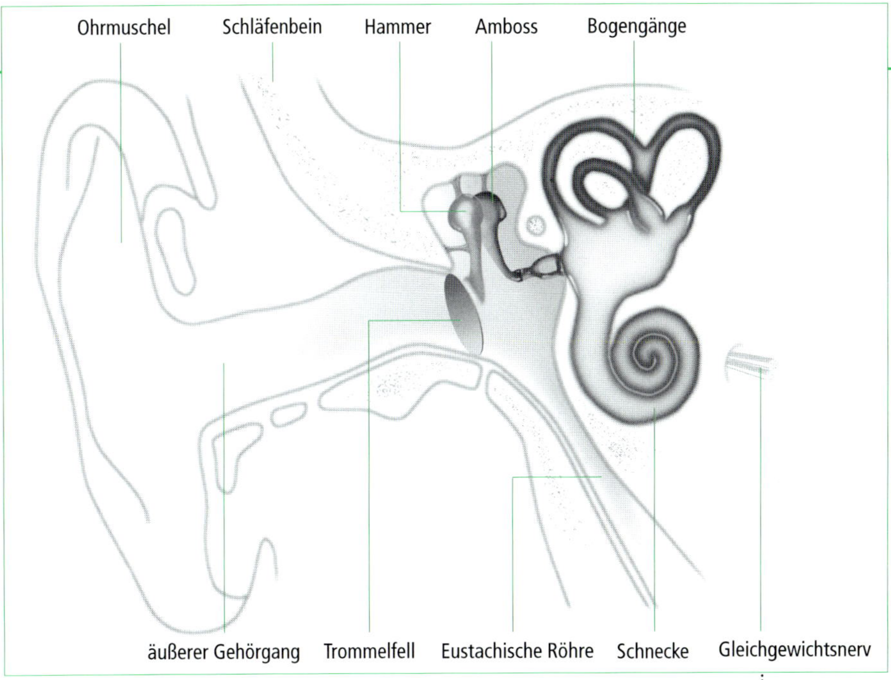

Wunderwerk der Natur: schematische Darstellung von äußerem Ohr, Mittelohr und Innenohr.

Er ist bei jedem Menschen individuell ausgeprägt und kann durch Hörprüfungen *(➜ Seite 24 ff.)* genau bestimmt werden.

Betrachten wir nun den Weg der Schallaufnahme durch unser Ohr. Unser Hörsystem besteht aus dem äußeren Ohr, dem Mittelohr, dem Innenohr und dem Gehirn.

Diese einzelnen Teile sind miteinander verbunden und haben spezifische Aufgaben.

Äußeres Ohr

Es besteht aus der Ohrmuschel und dem äußeren Gehörgang, der zum Mittelohr durch das Trommelfell abgeschlossen ist. Der Gehörgang, ein knöcherner Kanal, ist in seinem äußeren Anteil mit Knorpel und Haut und im inneren Teil nur mit zarter Haut ausgekleidet, die direkt in die Haut des Trommelfells übergeht.

Das Ohrenschmalz sorgt für die Selbstreinigung des Ohrs.

Das Ohrenschmalz im Gehörgang ist ein natürliches Sekret, das durch die Drüsen (Cerumen) in der Gehörgangshaut produziert wird. Es ist bakterienabweisend und nimmt Hautschüppchen, abgestoßene Härchen und Verunreinigungen aus dem Gehörgang auf. Eine Art natürlicher Selbstreinigungsmechanismus.

Durch unsere Kaubewegung transportieren wir das Ohrenschmalz ständig nach außen, dort trocknet es ein und kann beim normalen Waschen entfernt werden. Daher sind Ohrenstäbchen oder andere Ohrenreinigungsmittel in der Regel überflüssig, ja mitunter sogar schädlich, denn mit ihnen schieben wir das Ohrenschmalz in die Tiefe des Gehörgangs, wodurch es zu einer Pfropfbildung kommen kann.

Hände weg von Ohrenstäbchen!

Das äußere Ohr nimmt wie eine Art Trichter die Schallwellen der Außenwelt auf. Sprache kann besonders gut weitergeleitet werden, da der Gehörgang just im Frequenzbereich der Sprache, der um 2000 Hertz liegt, eine Eigenresonanz aufweist. Dadurch kommt es zu einer natürlichen Verstärkung dieser Signale.

Mittelohr

Das Trommelfell leitet die Schwingungen auf die Gehörknöchelchenkette weiter. Die besteht aus den Teilen Hammer, Amboss und Steigbügel – den kleinsten Knochen des menschlichen Körpers. Die Gehörknöchelchen sind gelenkig miteinander verbunden und verstärken den Schall um ein Vielfaches.

Paukenhöhle: ständige Belüftung notwendig

Hammer, Amboss und Steigbügel befinden sich in der Paukenhöhle. So heißt einer der lufthältigen und mit Schleimhaut ausgekleideten Hohlräume des Mittelohrs. Die Ohrtrompete, ein ebenfalls mit Schleimhaut ausgekleideter Gang zum Nasen-Rachen-Raum, sorgt für eine ständige Belüftung der Paukenhöhle. Durch einen zum Teil sehr dünnwandigen Kanal verläuft auch der aus dem inneren Gehörgang kommende Gesichtsnerv zur Gesichtsmuskulatur.

Die Ohrtrompete, auch Tube genant, ist normalerweise geschlossen, sie öffnet sich jedoch bei jedem Gähnen und Schlucken. Dieser Verbindungskanal ist zum einen deshalb wichtig, weil die Luft im Mittelohr durch die Schleimhaut resorbiert (aufgesaugt) wird. Zum anderen ist der Druckausgleich zwischen Mittelohr und Außenwelt bei allen Menschen eine wichtige Voraussetzung für gutes Gehör. Findet er nämlich nicht statt, zum Beispiel wegen geschwollener Schleimhaut in der Ohrtrompete oder bei Verlegung des Tubenausgangs im Rachendach durch Polypen, so ergibt sich durch den Abfall des Drucks im Mittelohr ein höherer Druck von außen auf das Trommelfell. Dadurch wird die Beweglichkeit der Gehörknöchelchen beeinträchtigt, was wiederum zu einer erheblichen Verminderung des Hörvermögens führt.

Verminderung des Hörvermögens durch Schwellungen und Wucherungen

Zwei Mittelohrmuskeln sind in der Lage, den eintreffenden Schall abzuschwächen, in dem sie sich bei lauten Geräuschen reflexartig zusammenziehen und damit die Schwingungsfähigkeit der Gehörknöchelchenkette herabsetzen. Dieser Reflex (Stapidusreflex) fungiert als eine Art Schutzeinrichtung, allerdings nur mit begrenzter Wirkung.

Innenohr

Das Innenohr ist durch zwei „Fenster“ mit dem Mittelohr verbunden. Über das höher gelegene ovale Fenster werden die Schallwellen in das Innenohr weitergeleitet. Das besteht im Wesentlichen aus der Hörschnecke, dem eigentlichen Hörorgan – dem Corti'schen Organ – und dem für das Gleichgewicht zuständigen Vestibularapparat.

Der Schneckengang ist mit Flüssigkeit gefüllt, das heißt, der Schall tritt aus der Luft in das andere Medium Flüssigkeit über, und zwar breiten sich die eintreffenden Schwingungen in einer Wanderwelle aus, ähnlich den Wellenbewegungen, die ein ins Wasser geworfener Stein auslöst. Nachdem die Flüssigkeit nicht komprimierbar ist, tritt mit jeder Einwärtsbewegung des Steigbügels eine Auswärtsbewegung der Membran im runden Fenster ein.

Von der Schall- zur Wanderwelle

Durch die wellenförmige Ausdehnung werden die Sinnes- oder Haarzellen des Corti'schen Organs mit ihren Ausläufern, den

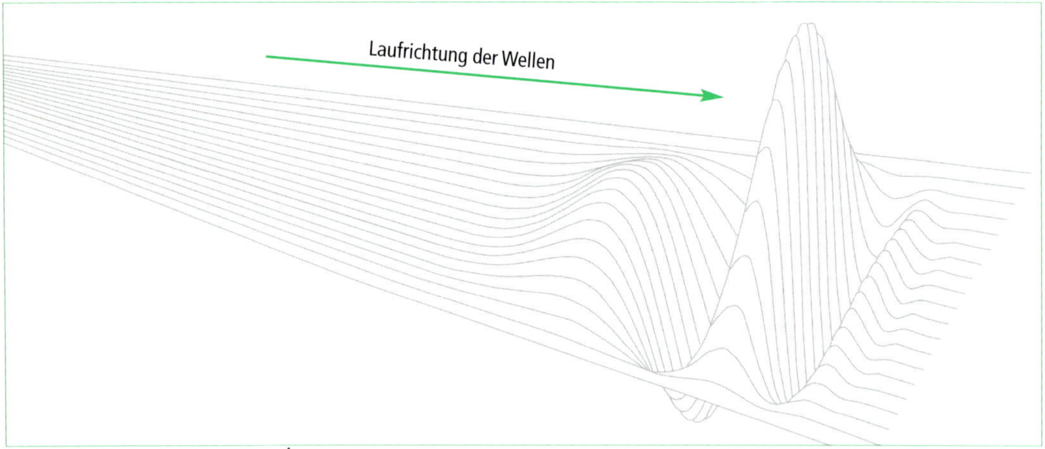

Wanderwelle:
Im Innenohr breiten sich Schwingungen je nach Tonhöhe unterschiedlich aus.

Sinneshärchen, gereizt, das heißt, aus ihrer Ruhestellung gebracht. Das ist jener entscheidende Reiz, der anschließend über den Gehörnerv zum Gehirn übertragen wird und erst den Höreindruck vermittelt.

Es reichen schon Auslenkungen um 100 Milliardstel Millimeter, um die Haarzellen zu aktivieren. Sie transformieren also die mechanische in bioelektrische Energie – es kommt im Innenohr zu einer Schallumwandlung.

In der Gehörschnecke werden Töne an verschiedenen Stellen abgebildet.

Hohe Töne führen zu großen Ausdehnungen der Wanderwelle, tiefe Töne zu kleinen Ausdehnungen. Diese physikalische Gesetzmäßigkeit bedingt ein weiteres Charakteristikum: Hohe Töne reizen vor allem die Haarzellen am Eingang der Hörschnecke, nahe dem ovalen Fenster. Tiefe Töne reizen dagegen vor allem die Haarzellen am Ende der Hörschnecke, nahe dem runden Fenster. Und das bedeutet: Verschiedene Töne werden an verschiedenen Orten der Schnecke abgebildet, ganz ähnlich wie bei einem Klavier, wo auch bestimmte Tasten für bestimmte Töne zuständig sind.

Beim Hören in der alltäglichen Umgebung laufen sehr viele verschiedene Wanderwellen gleichzeitig durch die Schnecke. Da alle Wellenabläufe durch die Eingangsöffnung der Schnecke gehen, werden die Haarzellen an dieser Stelle im Laufe eines Lebens stärker belastet als jene am Ende der Schnecke. Das erklärt, wieso viele ältere Menschen einen Hörverlust im Hochtonbereich haben. Die für diesen Frequenzbereich zuständigen Haarzellen nutzen sich im Laufe der Jahre ab.

Während viele Zellen unseres Körpers regelmäßig durch neue ersetzt werden, sind die Haarzellen in der Hörschnecke so alt wie wir selbst. Da sie nicht neu gebildet werden und nicht nachwachsen, müssen sie ein Leben lang halten. Und das heißt zugleich: Wenn sie absterben, kommt es zu einem unwiederbringlichen Ausfall.

Haarzellen wachsen nicht nach.

Hörzentren im Gehirn

Im Gehirn findet die eigentliche Informationsverarbeitung statt. Hier wird entschlüsselt, was zunächst als Schallwelle aufgenommen und dann als elektrischer Impuls weitergeleitet wurde. Das auditive Signal wird mit den bereits bekannten und gespeicherten Signalen verglichen. Unser Gehirn hat im Laufe des Lebens zigtausende akustische Muster gespeichert, die als Datenbasis für die Analyse des Gehörten zur Verfügung stehen, wie etwa das Läuten des Telefons, das geräuschvolle Schnäuzen in ein Taschentuch oder das Klappern eines Schlüsselbundes. Aber nicht nur Geräusche, sondern auch sprachliche Muster (Laute, Lautverbindungen) haben wir abrufbereit. Manche sagen aus dem Grund auch: Wir hören nicht mit dem Ohr, sondern mit dem Gehirn.

Was langwierig klingt, funktioniert in Wahrheit blitzschnell. Jede Schallaufnahme passiert in Bruchteilen von Millisekunden. Achtung, Auto! So identifiziert unser Ohr eine Autohupe. Und schützt uns so vor Gefahr.

Luftleitung und Knochenleitung

Neben dem Schalltransport über das Außenohr zum Innenohr – die so genannte Luftleitung – findet Hören auch immer zugleich über die Knochenleitung statt. Dabei versetzen die Schallwellen den Schädelknochen direkt in Schwingung und pflanzen sich auf diesem Weg fort bis zum Innenohr. Diese Schallleitung ist freilich längst nicht so effektiv wie die Luftleitung. Das heißt, um den gleichen Höreindruck zu erzielen, ist ein unvergleichlich höherer Schalldruck nötig. Die Knochenleitung spielt insbesondere bei der Hörprüfung eine wichtige Rolle.

Die Warnfunktion ist aber längst nicht die einzige Leistung unseres Gehirns. Es hilft uns auch, die Richtung zu ermitteln, aus der ein Geräusch kommt (vorausgesetzt, beide Ohren funktionieren tadellos).

Das Gehirn ist außerdem in der Lage, zwischen wichtigen und unwichtigen Informationen zu unterscheiden. Aus Stimmengewirr kann es quasi den Geräuschpegel herausfiltern und sich ganz auf das konzentrieren, was der Gesprächspartner sagt. Manchmal mag das durchaus sehr anstrengend sein – beim Hören sind wir eben aktiv.

Störung in der Schallaufnahme

Ihnen fällt es vielleicht gar nicht auf. Erst Angehörige oder Freunde machen Sie darauf aufmerksam: Ihr Fernsehgerät ist so laut eingestellt, dass es allen anderen geradewegs weh tut. Ihnen dagegen kommt die Lautstärke völlig normal vor. Stellen Sie den Fernseher leiser, verstehen Sie kein Wort mehr.

Hörtest am Telefon oder online

Sie besitzen Computer und Internetanschluss? Wenn ja, können Sie auch einen Online-Hörtest machen: www.hoerforum.de/hoertest oder www.fgh-besserhoeren.de/hoertest
Seit 1995 bietet die Fördergemeinschaft Gutes Hören auch einen Hörtest am Telefon an: (+49-180) 532 37 54 (ca. € 0,24/min).

Das kann ein erster Hinweis sein, dass Ihr Gehör nicht mehr einwandfrei funktioniert. Je schleichender sich eine Hörbeeinträchtigung einstellt, vielleicht gar über mehrere Jahre, umso schwerer tun Sie sich, sie überhaupt zu registrieren.

Schwerhörigkeit ist keine Krankheit, sondern ein Symptom, ein Hinweis darauf, dass es auf dem bereits beschriebenen weiten Weg der Schallzuleitung und -verarbeitung an einer Stelle zu einem Funktionsausfall gekommen ist. Das mag nun eine vergleichsweise banale Ursache haben – vielleicht ist der Gehörgang nur durch einen Ohrenschmalzpfropfen verlegt.

Höre ich tatsächlich schlecht oder bilde ich mir das nur ein? Am Anfang steht oft die Verunsicherung. Viele Hörgeräte-Akustiker werben damit, dass man in ihrem Geschäft schnell und kostenlos einen Hörtest machen kann. Für eine erste Überprüfung ist das gewiss eine gute und empfehlenswerte Sache.

Doch der Besuch bei einem Hörgeräte-Akustiker kann den Besuch bei einem HNO-Arzt nicht ersetzen. Erst der Facharzt hat die Kompetenz, die Ursache für Ihr schlechtes Hören herauszufinden und Mittel und Wege für eine Besserung aufzuzeigen.

Ohne Besuch beim Facharzt geht es nicht.

Checkliste

Wie gut hören Sie?

Treffen mehrere der hier angeführten Punkte auf Sie zu, besuchen Sie am besten einen Hals-Nasen-Ohren-Arzt (HNO).

- ❑ Beklagen Sie sich oft über Hintergrundgeräusche?
- ❑ Bitten Sie häufig Mitmenschen, zu wiederholen, was sie gesagt haben?
- ❑ Haben Sie den Eindruck, Sie hören zwar den anderen, verstehen ihn aber nicht?
- ❑ Stellen Sie Radio oder Fernsehgerät lauter als andere Menschen?
- ❑ Verstehen Sie häufig Gesagtes falsch?
- ❑ Haben Sie im Theater oder Kino Schwierigkeiten, alles zu verstehen?
- ❑ Macht der Hochtonbereich Ihnen Probleme? Verstehen Sie Frauen- und Kinderstimmen schlechter als Männerstimmen?
- ❑ Haben Sie Schwierigkeiten, wenn mehrere gleichzeitig sprechen?
- ❑ Bereitet es Ihnen Mühe, Sprache zu verstehen, wenn Sie den Sprechenden nicht sehen?

Foto: Schinko-Neuroth

Schwerhörigkeit

Gehen Sie zum Arzt, wenn Sie sich Sorgen um Ihr Hörvermögen machen. Mit einigen Tests lassen sich Schädigungen rasch abklären.

Die ärztliche Untersuchung

Schwerhörigkeit ist nicht gleich Schwerhörigkeit. Sie kann plötzlich auftauchen oder sich schleichend einstellen. Sie kann mit Schmerzen verbunden sein oder schmerzlos verlaufen. Sie kann ständig oder nur in bestimmten Gesprächssituationen ein Problem sein.

Checkliste

Das sollten Sie wissen

Fragen, die für die Anamnese (Vorgeschichte) wichtig sind:

- ❏ Gibt es in der Familie Fälle von Schwerhörigkeit?
- ❏ Bin ich oft hoher Lärmbelastung ausgesetzt, sei es am Arbeitsplatz oder in der Disko?
- ❏ Habe ich Schmerzen oder ein unangenehmes Druckgefühl im Ohr?
- ❏ Wie lange habe ich schon das Problem Schwerhörigkeit?
- ❏ Was verstehe ich schlecht?
- ❏ Kam es auch zu einem Ausfluss aus dem Gehörgang? Wenn ja, welche Farbe hatte er? (Rot deutet auf Blut hin, Gelb auf Eiter).
- ❏ Welche Medikamente nehme ich?

Es mag paradox klingen, aber auch wenn Sie das Gefühl haben, viel zu gut zu hören, weil bestimmte Lautstärken Ihnen Unbehagen bereiten, kann die Ursache in einer bestimmten Form von Schwerhörigkeit liegen.

Der Hals-Nasen-Ohren-Arzt ist der Fachmann dafür, die im jeweiligen Fall vorliegende Art der Schwerhörigkeit herauszufinden. Je mehr Informationen Sie ihm über den Verlauf und die Begleitumstände Ihrer Hörbeeinträchtigung liefern können, desto leichter tut er sich, die richtige Diagnose zu stellen.

Formen der Schwerhörigkeit

Der Arzt unterscheidet grundsätzlich zwischen vier Formen einer gestörten Hörfähigkeit: der Schallleitungsschwerhörigkeit, der Schallempfindungsschwerhörigkeit, der kombinierten Schwerhörigkeit und der zentralen Hörstörung.

Schallleitungsschwerhörigkeit

Die Weiterleitung der mechanischen Schallenergie durch Außenohr und Mittelohr zu den eigentlichen Sinneszellen im Innenohr ist gestört. Die Ursache kann beispielsweise in Verstopfungen oder Missbildungen des Gehörgangs, in Trommelfellverletzungen, Mittelohrvereiterungen oder in einem Ausfall der Gehörknöchelchen liegen. Der Hörverlust erstreckt sich relativ gleichmäßig über alle Frequenzen. Große Lautstärken werden bei einer reinen Schallleitungsstörung vergleichsweise gut gehört, weil diese via Knochenleitung an das intakte Innenohr weitergeleitet werden. Es bestehen generell gute Möglichkeiten zum Ausgleich der Schallleitungsschwerhörigkeit, einmal durch operative Eingriffe und dann durch die Versorgung mit Hörgeräten.

Schallempfindungsschwerhörigkeit

Hier liegt eine Störung im Bereich des verarbeitenden Teils des Gehörs vor, also im Bereich des Innenohrs oder der Hörbahn. Die Schallempfindungsschwerhörigkeit kann alle Schweregrade annehmen. Die Beeinträchtigungen sind in der Regel nicht gleichmäßig über alle Frequenzen verteilt, besonders häufig sind die höheren Frequenzen betroffen. Medizinisch-therapeutische Möglichkeiten sind bisher noch sehr beschränkt.

Je nach Art der Schwerhörigkeit sind die therapeutischen Möglichkeiten verschieden.

Kombinierte Schwerhörigkeit

Schallempfindungsschwerhörigkeit und Schallleitungsschwerhörigkeit treten zusammen auf. Die Gewichtung beider Grundformen kann unterschiedlich ausfallen.

Zentrale Hörstörung

Die Ursache des Hörverlusts liegt in einem Ausfall der zentralen Verarbeitung. Hirnverletzungen oder psychische Störungen (Neurosen, Psychosen, Autismus) können zu einer zentralen Hörstörung führen.

Der Arzt kann das Außenohr recht gut untersuchen. Mit einem Otoskop (eine Kombination aus Batterie, Optik und Trichter) oder einem Operations- und Arbeitsmikroskop sieht er in das

Freie Sicht nur bis zum Trommelfell

Ohr bis zum Trommelfell. So kann er relativ einfach abklären, ob der Gehörgang entzündet oder etwa durch einen Fremdkörper verstopft ist.

Die Untersuchung des Mittel- und Innenohrs ist nicht ganz so einfach. Hier ist der Arzt auf eine Reihe von Hörprüfungen angewiesen, mit deren Hilfe er zum einen den Grad der Schwerhörigkeit und zum anderen den vermutlichen Ort der Schädigung zu ermitteln versucht. Findet er heraus, dass eine Störung im Gehirn vorliegt, wird er Sie zur weiteren Abklärung zu einem Neurologen überweisen. Es gibt eben auch Formen der Schwerhörigkeit, für die der HNO-Arzt nicht mehr zuständig ist.

Bei der Hörprüfung wird zwischen subjektiven und objektiven Prüfmethoden unterschieden. Bei den subjektiven ist der Arzt auf Ihre Mitarbeit angewiesen, bei den objektiven kaum oder gar nicht.

Subjektive Hörprüfungen

Bei den subjektiven Hörprüfungen müssen Sie, wie bereits erwähnt, mithelfen. Zu diesen Prüfmethoden gehören die Hörweitenprüfung, Stimmgabelprüfungen, die Tonschwellen- und die Sprachaudiometrie sowie überschwellige Hörprüfungen.

Hörweitenprüfung

Bei manchen Hörprüfungen müssen Sie als Patient aktiv mitarbeiten.

Für diese Untersuchung stellen Sie sich in einem gewissen Abstand zum Arzt auf und wenden ihm einmal das linke und dann das rechte Ohr zu, wobei das nicht geprüfte Ohr jeweils zugehalten („vertäubt“) wird. Der Arzt sagt Ihnen verschiedene Worte vor, die Sie wiederholen müssen. Mal spricht er in normaler Lautstärke, mal im Flüsterton. Mal stehen Sie weiter weg, mal näher. Die Hörweitenprüfung gibt darüber Aufschluss, in welcher Entfernung Sie den Arzt gerade noch verstehen.

Natürlich erlaubt der Test zunächst nicht mehr als eine grobe Bewertung, denn er schließt eine Reihe von Fehlermöglichkeiten ein. So mag es sein, dass Sie Ihren Arzt aufgrund seiner Aussprache nur schwer verstehen können. Oder dass gerade während der Untersuchung starke Störgeräusche auftreten. Alles Faktoren, die das Ergebnis verfälschen können. Der Test ist jedoch einfach und schnell durchzuführen und verhilft dem Spezialisten zu einem ersten Gesamteindruck.

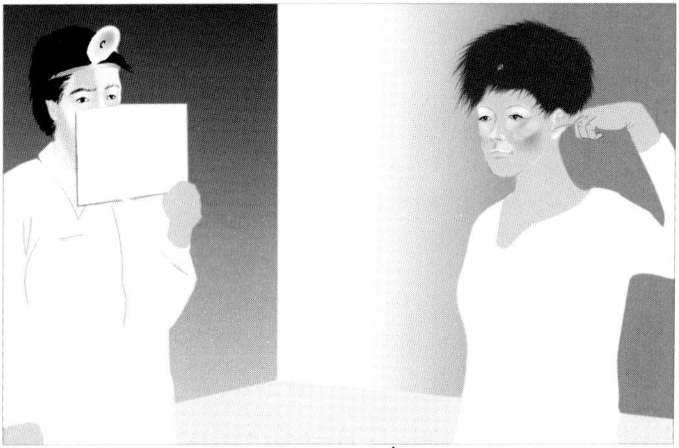

Hörweitenprüfung: Ohr zuhalten und wiederholen, was der Arzt Ihnen vorsagt. Das Blatt vor seinem Mund verhindert, dass Sie ihm von den Lippen ablesen.

Stimmgabelprüfungen

Man unterscheidet zwei verschiedene Stimmgabelprüfungen: Beim Weber-Versuch setzt der Arzt Ihnen eine Stimmgabel auf den Kopf, und zwar möglichst genau auf die Mittellinie. Der Normalhörende nimmt den angeschlagenen Stimmgabelton auf beiden Ohren gleich gut wahr. Hören Sie ihn allerdings in einem Ohr besser als im anderen, ist das ein sicherer Hinweis darauf, dass bei Ihnen eine einseitige Schwerhörigkeit vorliegt.

Achtung: Wird der Ton nicht nach einer Seite Ihres Gehörs abgeleitet, so heißt das noch lange nicht, dass alles in Ordnung ist. In diesem Fall kann auch eine Hörbeeinträchtigung vorliegen, die auf beiden Ohren gleich stark ausgebildet ist.

Beim Rinne-Versuch hält der Arzt die Stimmgabel zunächst gegen den sich hinter dem Ohr befindenden Warzenfortsatz. Der Schall pflanzt sich über die Knochenleitung ins Innenohr fort. Seine Intensität nimmt mit der Zeit ab. Sobald Sie keinen Ton mehr hören, hält der Arzt Ihnen die Stimmgabel direkt vor das Ohr. Nun müssten Sie den Stimmgabelton wieder wahrnehmen können, weil der Schalltransport über die Luftleitung normalerweise sehr viel besser funktioniert als über die Knochenleitung. Hören Sie allerdings dennoch keinen Ton, liegt höchstwahrscheinlich eine Schallleitungsschwerhörigkeit vor –

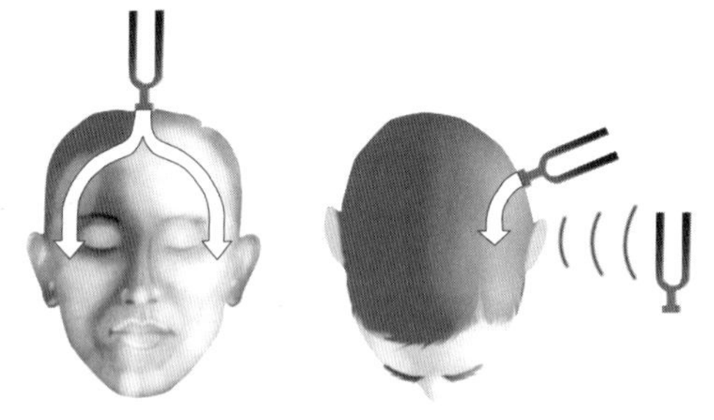

Einfach und schnell:
Mit dem Weber-Versuch und dem Rinne-Versuch bestimmt derArzt, welche Art von Schwerhörigkeit vorliegt.

der Rinne-Versuch ist dann negativ. Von einem positiven Ergebnis spricht man, wenn Sie den Ton nun über die Luftleitung wieder deutlich hören; dann liegt sicherlich eine Schallempfindungsstörung vor.

Tonschwellenaudiometrie

Für eine genauere quantitative Bestimmung Ihres Hörvermögens oder eben -verlustes steht dem Arzt ein Audiometer zur Verfügung. Das ist, vereinfacht gesagt, ein elektronisches Gerät zur Erzeugung von Tönen. Mittels Regelung können Töne in verschiedenen Frequenzen und Lautstärken zugespielt werden.

Für Hörprüfungen steht das Audiometer in einem schallgeschützten Raum. Um Fehlmessungen gerade bei leisen Prüftönen zu vermeiden, müssen Störgeräusche nach Möglichkeit ausgeschlossen werden.

Für die Erstellung eines Tonschwellenaudiogramms bekommen Sie Kopfhörer aufgesetzt. Der Arzt spielt Ihnen, meist von einer standardisierten CD, verschiedene Tonhöhen zu. Erst ganz leise, dann mit immer größer werdender Lautstärke. Sie müssen ein Zeichen geben, sobald Sie den zugespielten Ton hören. So ermittelt der Arzt die einzelnen Hörschwellenwerte für die unterschiedlichen Frequenzen und hält sie in einem Tonaudiogramm fest, dem grafischen Ergebnis der Hörprüfung. Die Hörschwellenkurve ist die Verbindungslinie von allen ermittelten Hörschwellenwerten.

Die Nulllinie im Tonaudiogramm entspricht der Hörschwelle eines Normalhörenden. Abweichungen bis zu 10 Dezibel sind noch im Toleranzbereich. Was darüber hinausgeht, zeigt eine Hörschwäche an. Durch Vergleich der ermittelten Hörschwellenkurve mit der Nulllinie kann der Arzt Aussagen über die Art der Schwerhörigkeit machen.

Mit diesem Test ist auch Ihre Unbehaglichkeits- oder Schmerzschwelle zu eruieren. Schlechtes Hören geht bei vielen älteren Menschen mit einer ausgeprägten Empfindlichkeit gegenüber lauten Tönen, gerade in hohen Frequenzen, einher (➔ *„Überschwellige Hörprüfungen“, Seite 28 ff.).*

Wie für die Luftleitung kann das Tonschwellenaudiogramm auch für die Knochenleitung erstellt werden. Dazu wird Ihnen ein Vibrator mit leichtem Druck auf den Knochen hinter der Ohrmuschel aufgesetzt. Die Versuche laufen gleich ab wie oben beschrieben, allerdings mit von vornherein höher gewählten Schalldruckintensitäten.

Das Tonschwellenaudiogramm liefert genaue Messergebnisse, die freilich nicht darüber hinwegtäuschen dürfen, dass auch dieser Test fehleranfällig ist. Hängt das Ergebnis doch nicht zuletzt auch von Ihrer Reaktionsfähigkeit und Aufmerksamkeit ab. Müdigkeit, ein schlecht sitzender Kopfhörer oder ein unfreundlicher Untersucher können zu einer Verzerrung der vermeintlich objektiv erfassten Werte führen.

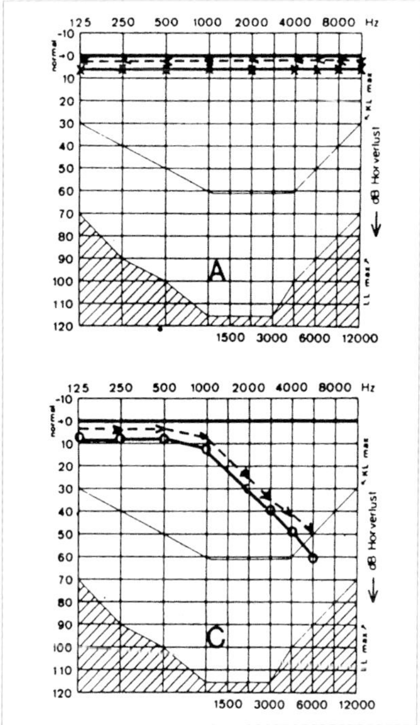

Deutlich sichtbar: Das obere Audiogrammformular zeigt die Schwellenkurve bei Normalhörigkeit, das untere bei einer Schallempfindungsschwerhörigkeit.

Anhand des Tonaudiogramms sieht der Arzt, welche Frequenzen von der Schwerhörigkeit besonders betroffen sind. Der Vergleich der Hörschwellenkurven von Luftleitung und Knochenleitung gibt darüber Aufschluss, ob eine Schallempfindungs- oder Schallleitungsschwerhörigkeit vorliegt.

Die Tonschwellenaudiometrie arbeitet mit von einem Tongenerator erzeugten reinen Tönen, die durch eine einzige Frequenz definiert sind. In der Natur kommen diese Töne aber überhaupt nicht vor. Wir haben es also mit einer im Grunde künstlich geschaffenen Versuchssituation zu tun. Ergänzt wird diese Prüfung daher in der Regel durch einen weiteren audiometrischen Test, der sich sehr viel mehr an unsere Wirklichkeit anlehnt: die Sprachaudiometrie.

Sprachaudiometrie

Dieser Test untersucht eine der wichtigsten Aufgaben unseres Gehörs: die Wahrnehmung von Sprache. Ärzte kommen bei ihren Untersuchungen immer wieder zu dem im Grunde überraschenden Ergebnis: Verschiedene Menschen mit gleichem Tonaudiogramm weisen bei der sprachaudiometrischen Untersuchung ganz unterschiedliche Messwerte auf. Ein Grund mehr, nicht bloß die tonaudiometrische Untersuchung zu machen.

Beim Sprachtest ist Raten erlaubt.

Bei diesem Sprachtest bekommen Sie über Kopfhörer aus einem standardisierten Katalog zweistellige Zahlen und einsilbige Wörter zugespielt, die Sie wiederholen müssen. Übrigens: Raten ist erlaubt (weil es sich sowieso nicht unterbinden ließe).

Glut oder Blut? Gras oder Glas? Sie müssen genau hinhören, die Bedeutung lässt sich hier nicht aus dem Gesprächszusammenhang erschließen. Konsonanten wie „s“, „sch“ oder „t“ haben höhere Frequenzen als Vokale wie „a“ oder „o“. Das erklärt auch, wieso Menschen mit einem Hochtonverlust sich schwer tun, Konsonanten zu verstehen.

Gegen bestimmte Störungen können auch Hörgeräte nichts ausrichten.

Die Lautstärke wird in den einzelnen Durchgängen stufenweise erhöht. Der Arzt stellt fest, wie viel Prozent der Zahlen und Wörter bei den verschiedenen Lautstärken richtig nachgesprochen werden. Er erstellt also ein Sprachaudiogramm. Kann auch mit höherer Lautstärke kein hundertprozentiges Einsilberverstehen erreicht werden, so liegt eine Störung vor, gegen die im Grunde auch Hörgeräte machtlos sind. In diesem Fall handelt es sich um eine bestimmte Form der Schallempfindungsstörung. Liegt dagegen eine Schallleitungsschwerhörigkeit vor, werden bei genügend großer Lautstärke alle Zahlen und Wörter verstanden.

Überschwellige Hörprüfungen

Die vorher beschriebenen Versuche dienen in erster Linie zur Unterscheidung zwischen Schallleitungs- und Schallempfindungsschwerhörigkeit. Die Störung kann aber genauso gut in den hinter dem Innenohr befindlichen Strukturen liegen, im Hörnerv oder im Gehirn. Entsprechend unterscheidet man eine im Innenohr liegende von einer hinter dem Innenohr liegenden Schwerhörigkeit.

Um den Sitz der Störung herauszufinden, bedient sich der Arzt überschwelliger Tests. Überschwellig bedeutet hier, dass der Arzt mit Signalen arbeitet, die über der Hörschwelle, also im für die Testperson hörbaren Bereich, liegen. Ein typisches Kennzeichen der Innenohrschwerhörigkeit ist, dass leise Töne nicht oder schlecht und laute Töne ab einer gewissen Intensität wieder gut gehört werden. In diesem Fall kommt es zu einem Lautheitsausgleich, der damit zu erklären ist, dass nicht alle Haarzellen im Innenohr gleich schnell ihre Funktionstüchtigkeit verlieren, sondern normalerweise zuerst die äußeren Haarzellen, die für die niedrigen Lautstärken zuständig sind. Dagegen sind die inneren Haarzellen, zuständig für die große Lautstärken, im Allgemeinen robuster und damit länger lebensfähig.

Beim Lautheitsausgleich tritt nun ein weiteres, zunächst etwas seltsam anmutendes Phänomen auf: Trotz seines Hörverlustes empfindet dieser Schwerhörige sehr laute Töne genauso wie ein Normalhörender als unangenehm. Oft besteht bei ihm sogar eine Überempfindlichkeit. Der Grund liegt darin, dass die Haarzellen neben ihrer zentralen Bedeutung als Schallumwandler auch als Schalldämpfer fungieren. Fallen Haarzellen aus, so fehlt auch diese Dämpfung.

Viele Schwerhörige empfinden laute Töne als extrem unangenehm.

Doch zurück zu den überschwelligen Hörprüfmethoden: Der Arzt untersucht, ob eben dieser Lautheitsausgleich bei Ihnen vorliegt. Wenn ja, besteht sicher eine Innenohrschwerhörigkeit. Der Bereich zwischen Hör- und Unbehaglichkeitsschwelle ist in diesem Fall gegenüber einem Normalhörenden schmäler. Was für Normalhörende nur schwer nachzuvollziehen ist: Bei gedämpfter Sprechweise haben Sie Probleme, etwas zu verstehen, bei lauter Sprechweise tut es Ihnen schnell in den Ohren weh.

Ein weiterer Test besteht in der Zuspielung von verschiedenen Lautstärken. Bei einer Innenohrschwerhörigkeit ist der Patient in der Lage, feine Lautstärkenunterschiede zu erkennen. Auch

Leistungen prüfen, um eine Schädigung nachzuweisen

wenn es etwas paradox klingen mag: Man prüft hier eine Leistung des Innenohrs, um eine Schädigung des Innenohrs nachzuweisen. Und um sie von jener Schädigung abzugrenzen, die hinter dem Innenohr liegt.

Eine hinter dem Innenohr liegende Schwerhörigkeit kann man auch direkt nachweisen, indem man die Ermüdung des Gehörs testet. Werden Töne nach einiger Zeit kaum noch oder gar nicht mehr wahrgenommen, obwohl die Lautstärke nicht geändert wird, weist das auf eine krankhafte Veränderung des Hörnervs, der Hörbahnen oder der Hörzentren im Gehirn hin. Die Ursache könnte in Durchblutungsstörungen im Gehirn liegen. Bei krankhafter Ermüdung des Gehörs helfen Hörgeräte nur bedingt.

Objektive Hörprüfungen

Die objektiven Höruntersuchungen finden Sie hier nur in kurzer, überblickshafter Form, da der Arzt bei diesen Tests nicht auf Ihre Mitarbeit angewiesen ist. Diese Tests werden vor allem bei Kleinkindern, aber auch bei geistig Behinderten angewendet. Bei Patienten also, die nur schwer oder gar nicht eigene Auskünfte geben können. Bei allen diesen Prüfmethoden arbeitet der Arzt mit höchst empfindlichen Apparaturen.

Otoakustische Emissionen (OAE)

Auch der Echoeffekt im Ohr lässt sich für Untersuchungen nützen.

Man hat herausgefunden, dass das Innenohr nicht nur einfallenden Schall verarbeitet, sondern etwas von dieser Schallenergie wieder in den Gehörgang zurücksendet. Es kommt durch die Aktivität der Haarzellen zu einer Art Echoeffekt. Natürlich nur einem so minimalen, dass der Mensch ihn normalerweise gar nicht wahrnimmt. Doch mit einem feinen Sondenmikrofon sind diese otoakustischen Emissionen (OAE) sehr wohl zu erfassen.

Fällt der OAE-Test positiv aus, spricht das für eine ordentliche Funktion im Innenohr wie auch in der Schallweiterleitung. Das erforderliche Gerät ist transportabel und wird gerne auf Entbindungsstationen eingesetzt. Der Test dauert nur zwei Minuten, liefert zum Teil aber auch falsch-positive Ergebnisse.

Tympanometrie

Die Tympanometrie untersucht die Schwingungsfähigkeit des Trommelfells und der Gehörknöchelchen. Dazu misst der Arzt den am Trommelfell reflektierten Schall mit einer Sonde. Durch Änderungen des Luftdrucks oder der Lautstärke kommt es normalerweise zu einer messbaren Änderung der Trommelfellspannung. Zeigt der Test, dass das nicht der Fall ist, weist das auf eine Störung im Mittelohr hin.

Akustisch ausgelöste Hirnstromänderungen (AEP)

Die mechanische Energie des Schalldrucks wird im Innenohr umgewandelt und als elektrische Energie über den Hörnerv ins Gehirn weitergeleitet. Das lässt sich mithilfe von Elektroden messen, die auf der Kopfhaut angebracht werden. Abweichungen von der Norm weisen auf mögliche Störungen hin. Dieser Test kann auch gemacht werden, während der Patient schläft. *(Weitere Hörprüfmethoden speziell für Kinder werden im Kapitel „Das hörgeschädigte Kind“ vorgestellt.* *→ Seite 67 ff.)* Mithilfe der beschriebenen Prüfmethoden kann der Arzt eine Aussage zum einen über den möglichen Ort und zum anderen über den Schweregrad der Hörstörung machen.

Mit steigendem Alter lässt das Hörvermögen nach.

Jeder zweite 60-Jährige verfügt nicht mehr über ein normales Hörvermögen. So eine aktuelle Statistik, in die freilich Menschen mit geringer und großer Hörbeeinträchtigung gleichermaßen mit eingeschlossen wurden. Ist Schwerhörigkeit also eine typische Alterskrankheit? Ja und nein.

Ja, weil unser Hörvermögen bereits ab dem 30. Lebensjahr aufgrund des natürlichen Alterungs- und damit Abnutzungsprozesses nachlässt. Wie ein Vergleich mit Naturvölkern zeigt, ist die Schwerhörigkeit im Alter allerdings ein Leiden, das verstärkt die westliche Welt betrifft. All das, was man zum industriellen Fortschritt zählt, wie Maschinen und Autos, schafft einen dauernden Geräuschpegel, der die Haarzellen im Innenohr nachhaltig

Grade der Schwerhörigkeit

Beim Sprachaudiogramm wird der Umfang des Hörverlusts in Prozent angegeben.

- annähernde Normalhörigkeit: 0 – 20 %
- geringgradige Schwerhörigkeit: 20 – 40 %
- mittelgradige Schwerhörigkeit: 40 – 60 %
- hochgradige Schwerhörigkeit: 60 – 80 %
- an Taubheit grenzende Schwerhörigkeit: 80 – 95 %
- Taubheit: 100 %

Eine andere Form der Einteilung richtet sich nach der Entfernung, in der Umgangssprache verstanden wird.

- normalhörig: 6 m
- geringgradige Schwerhörigkeit: 4 – 6 m
- mittelgradige Schwerhörigkeit: 1 – 4 m
- hochgradige Schwerhörigkeit: 0,25 –1 m
- an Taubheit grenzende Schwerhörigkeit: 0 – 0,25 m
- Taubheit: 0 m

schädigt. Man zählt daher Schwerhörigkeit inzwischen auch zu den Zivilisationskrankheiten. Die Menschen erreichen heute gegenüber früher ein höheres Lebensalter – damit nimmt die Schwerhörigkeit auch als quantitatives Problem ständig zu.

Nein, weil Schwerhörigkeit in jedem Alter auftreten kann. Es ist sogar möglich, dass sie schon von Geburt an besteht. Die Schwerhörigen bilden also keine homogene Gruppe.

Zu ihr gehören Menschen, die infolge eines längeren Krankheitsprozesses nach und nach ihr Gehör verlieren. Aber auch jene, die einen Hörsturz erleiden und plötzlich, mehr oder weniger von einem Augenblick zum anderen, deutlich schlechter oder sogar gar nichts mehr hören.

Je nach Ausmaß, typischer Form, Ursache, Zeitpunkt des Eintritts und Verlaufsform der Störung muss man zwischen verschiedenen Formen der Schwerhörigkeit unterscheiden. Die Schwierigkeiten fangen schon bei der Begriffsbestimmung an. Die einen sprechen von „hörgeschädigt“, die anderen von „hörbehindert“ – und beide Gruppen wollen nur ihren Begriff gelten lassen. Auch das Wort „taub“ ist in Ungnade gefallen, da es sich sprachgeschichtlich von „tumb“ herleitet, was so viel wie „dumm“ bedeutet.

Wir wollen uns hier nicht auf eine einzige Umschreibung beschränken, sondern sprechen, um Strenge und Eintönigkeit zu umgehen, einmal von Schwerhörigkeit, dann von Hörverlust oder Hörbeeinträchtigung – und meinen immer dasselbe, geben also den einzelnen Begriffen eine weitgehend synonyme Bedeutung.

Schwerhörigkeit muss kein unabwendbares Schicksal sein. Mitunter liegt die Schuld bei uns selber. So schädigen wir unser Gehör, wenn wir Musik regelmäßig viel zu laut hören. Dann gibt es aber auch wiederum Fälle von Schwerhörigkeit, die ihre Ursache in einem genetischen Defekt haben.

Manche Hörbeeinträchtigungen bilden sich von selbst wieder zurück, andere sind irreversibel, nicht rückgängig zu machen. Mitte des 20. Jahrhunderts kam die Ohrchirurgie auf: Die mikrochirurgische Operationstechnik kann sehr gut Störungen im Bereich der Gehörknöchelchenkette beheben, doch auch sie ist nach wie vor machtlos gegen Schäden im Innenohr.

Defekte im Innenohr kann selbst der beste Ohrchirurg nicht beheben.

Einige hören schlecht, weil sie einfach nicht hören wollen. Sie schalten sozusagen ab, oft zu beobachten bei Kindern, die den Eltern nicht ge-horchen wollen. Hier ist die Ursache eine psychische Blockierung.

Wir sehen: Das Wort Schwerhörigkeit ist im Grunde ein ungenauer Sammelbegriff für sehr unterschiedliche Hörstörungen. Einfache Aussagen verbieten sich; gehen wir daher Schritt für Schritt vor und betrachten die möglichen Krankheitsbilder, geordnet nach den einzelnen Teilen unseres Hörorgans.

Dieser Ratgeber ist kein HNO-Lehrbuch. Daher listen wir nur die häufigsten Krankheiten auf. Auch die Angaben bezüglich der jeweiligen Therapie sollen nicht mehr als einen ersten Überblick liefern. Wir wollen und können hier nicht alle Methoden vorstellen. Dazu fehlt der Platz. Außerdem: Die medizinische Wissenschaft ist in einem dauernden Fluss. Erkenntnisse von heute können schon morgen überholt sein. Wie in allen wissenschaftlichen Bereichen gibt es auch in der Medizin unterschiedliche Ansätze und Meinungen. Dazu kommt, dass bestimmte Heilverfahren dem einen Patienten helfen können, dem anderen aber nicht. Das hängt nicht zuletzt davon ab, wie sehr der Patient selbst vom jeweiligen Therapieansatz überzeugt ist. Ein Aspekt, der bisher weitgehend vernachlässigt wurde und der nun in der Medizin eine größere Beachtung findet.

Je mehr Sie selbst von einer Therapie halten, umso besser wird sie wirken.

Foto: Schinko-Neuroth

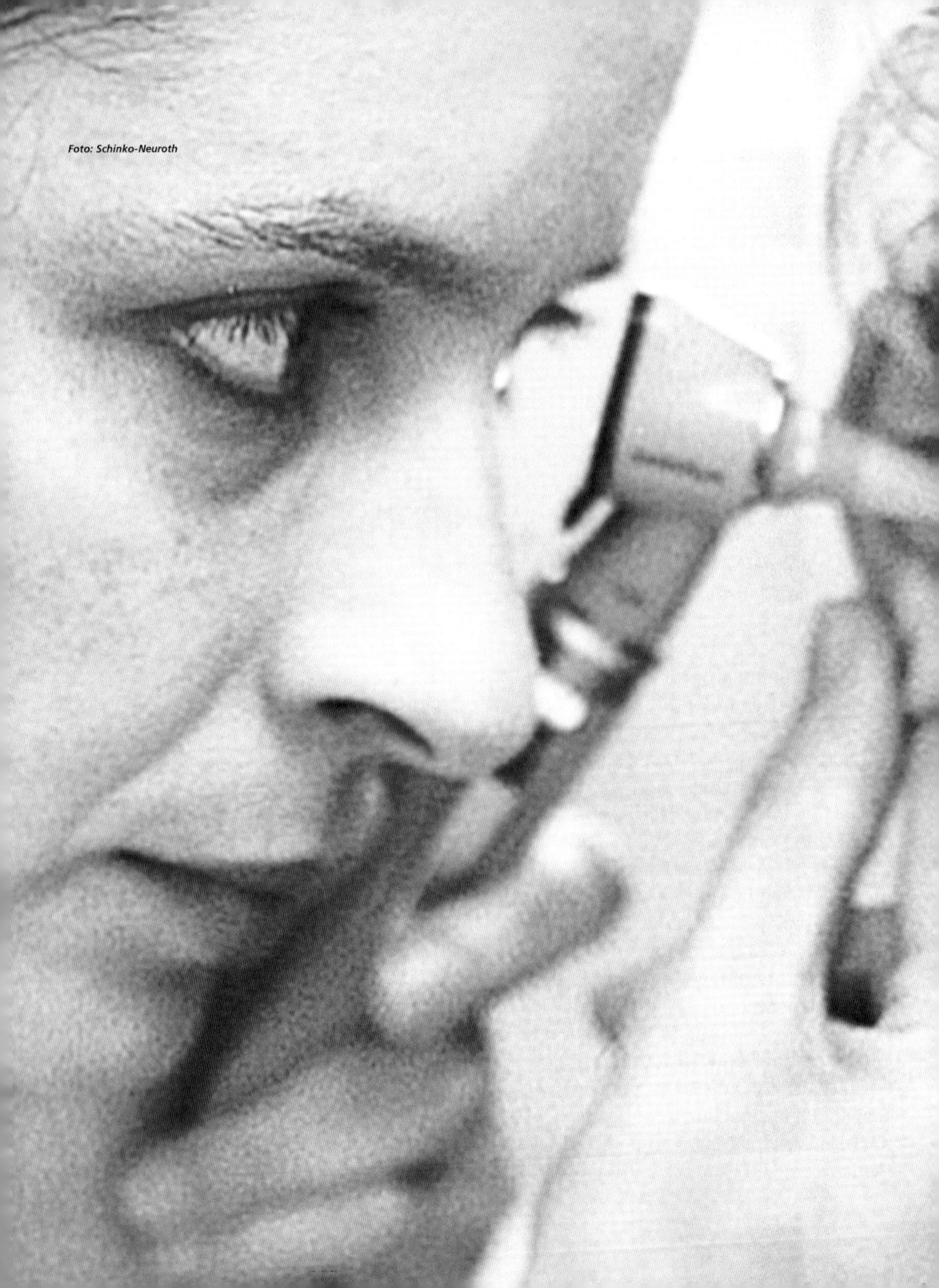

Ohrerkrankungen

Probleme mit den Ohren sollten Sie nicht auf die leichte Schulter nehmen. Denn manche gefährliche Erkrankungen machen anfangs kaum Beschwerden.

Erkrankungen im äußeren Ohr

Ohrenschmalzpfropf

Ohrenschmalz ist ein natürliches, gelbliches Sekret, das von den Drüsen des Gehörgangs gebildet und in diesen abgegeben wird. Dort wirkt es wie eine Art Schutzfilm. Durch unsere Kaubewegung wird das Ohrenschmalz regelmäßig nach außen befördert. Es kann dann zum Problem werden, wenn es, infolge einer krankhaften Überproduktion etwa, sich im Gehörgang ansammelt und einen Pfropf bildet. Eine Hörminderung zusammen mit einem Druckgefühl oder Dröhnen ist dann die Folge. Der Ohrenschmalzpfropf ist eine häufige Ursache für Schwerhörigkeit, die sich allerdings leicht beheben lässt.

Therapie: Ein loser Pfropf lässt sich, sofern nicht zusätzlich das Trommelfell verletzt ist, in der Regel problemlos mit einer Ohrspülung entfernen. Mit einer Ohrspritze gibt der Arzt körperwarmes Wasser unter leichtem Druck in den Gehörgang. Das zurückfließende Wasser mit dem ausgespülten Pfropf wird in einer unter das Ohr gehaltenen Schale aufgefangen. Sitzt der Pfropf fest, weicht ihn der Arzt zunächst mit Glycerin oder Paraffinöl auf und entfernt ihn anschließend mit einem stumpfen, kleinen Häkchen.

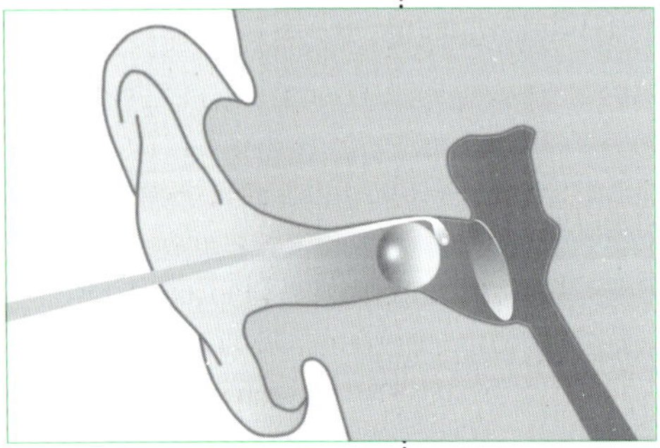

Nicht selber stochern: Mit einem stumpfen Häkchen entfernt der Arzt einen Fremdkörper aus dem äußeren Gehörgang.

Fremdkörper im Gehörgang

Perlen und Murmeln sind gefährliches Spielzeug in den Händen von Kleinkindern. Nicht nur, weil sie die leicht verschlucken können, sondern sich auch gerne in die Ohren stecken. So wird der Gehörgang verstopft und unter Umständen auch das Trommelfell verletzt. Fremdkörpergefühl und Druckschmerz sind die typischen Symptome. Versuchen Sie nicht, etwa mit einer Pinzette, den Fremdkörper wieder herauszubringen. So können Sie leicht den Gehörgang verletzen. Außerdem droht, dass Sie den Gegenstand nur tiefer hineindrücken.

Therapie: Unbedingt den Arzt aufsuchen, da er über die geeigneten Instrumente verfügt. Wenn eine Ohrspülung nicht ausreicht, entfernt er den Fremdkörper mit einem stumpfen, kleinen Häkchen. Manchmal ist auch eine Operation notwendig.

Entzündungen

Entzündungen des äußeren Ohrs treten häufig in der Badesaison auf. Wenn Wasser einwirkt, weicht die Haut auf und es können sich in ihr winzige Öffnungen bilden – beliebte Eintrittspforten für Bakterien, mitunter auch für Pilze. Der Gehörgang schwillt an oder sogar zu, was als sehr schmerzhaft empfunden wird. Dazu tritt ein starker Juckreiz auf.

Therapie: Die Entzündung kann mit Ohrentropfen behandelt werden, dazu Wärmebestrahlung. Im Allgemeinen tritt ein Erfolg schnell ein: Die Schwellung geht zurück und die Schmerzen lassen nach. In schweren Fällen können Antibiotika in Kombination mit schmerzstillenden Mitteln verabreicht werden. Liegt eine Pilzinfektion vor, werden Pilzmittel lokal angewendet. In den ersten drei Wochen der Behandlung sollten Sie vermeiden, dass Ihre Ohren mit Wasser in Kontakt kommen. Sehr schwere Gehörgangsentzündungen sind mit Antibiotika allein nicht heilbar und müssen operiert werden.

Gehörgangsexostosen

Unter Gehörgangsexostosen versteht man gutartige knöcherne Neubildungen im Gehörgang. Häufig tritt dieses Krankheitsbild bei Menschen auf, die gerne schwimmen gehen. Auch Menschen, die viel im Hochgebirge unterwegs sind, sind betroffen. Der verengte Gehörgang verlegt sich mit Ohrenschmalz, was zu einer Störung der Schallleitung führt.

Therapie: In schweren Fällen operative Entfernung. Die knöcherne Verdickung wird abgemeißelt oder herausgebohrt.

Ohren-Schutz

Wenn Sie empfindlich sind, sollten Sie beim Schwimmen oder Haarewaschen Ihre Ohren vor dem Wasser schützen. Geeignet dafür ist gewachste Watte aus der Apotheke oder ein genau an die jeweilige Ohrform angepasster Ohrenschutz, den es beim Hörgeräte-Akustiker gibt.

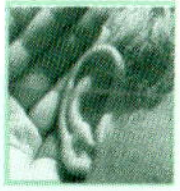

Unbedingt vorwärmen

Kalte Flüssigkeit ist im Ohr äußerst unangenehm, deshalb sollten Sie Ohrentropfen vorher auf Körpertemperatur anwärmen. Tragen Sie das Fläschchen einige Zeit im Hosensack oder halten Sie es kurz unter warmes Wasser. Vor der Verwendung mit einem Tropfen aufs Handgelenk prüfen, ob die Temperatur stimmt.

Erkrankungen im Mittelohr

Missbildungen

Missbildungen sind selten.

Missbildungen wie etwa das Fehlen des knöchernen und häutigen Gehörgangs, verschiedenen Missbildungen der Gehörknöchelchen und eine fehlende oder stark deformierte Ohrmuschel, kommen relativ selten vor. Sie können angeboren oder durch einen Unfall verursacht sein.

Therapie: operative Behandlung. Ein Fall für große Universitätskliniken, da nur in hoch spezialisierten Abteilungen das fachliche Know-how für solche schwierigen Eingriffe zur Verfügung steht.

Tubenfunktionsstörung

Das Mittelohr wird über die Ohrtrompete belüftet. Infolge einer Erkältungskrankheit oder einer Allergie kann dieser natürliche Verbindungskanal zwischen Nasen-Rachen-Raum und Mittelohr verdickt und damit verschlossen sein. In die Paukenhöhle gelangt in diesem Fall nicht mehr ausreichend Luft. Durch den Unterdruck wird Sekret aus der Umgebung angesaugt, welches sich nach und nach verfestigt. Beim so genannten Tubenkatarrh wird das Trommelfell nach innen eingezogen, und die Gehörknöchelchenkette ist in ihrer Funktion eingeschränkt. Außer einer ausgeprägten Schallleitungsschwerhörigkeit treten auch ein Druck- und Wattegefühl im Ohr auf.

Besonders Kinder leiden oft unter wiederholtem Tubenkatarrh oder Mittelohrerguss. Die Ursache ist bei ihnen häufig die Verlegung der Ohrtrompete durch Wucherungen, auch Polypen genannt.

Nasen- statt Ohrentropfen

Therapie: Obwohl es sich um Erkrankungen des Ohres handelt, kommen hier keine Ohren-, sondern abschwellende Nasentropfen (!) zum Einsatz. Nicht zu oft und nicht zu lange anwenden, damit sich der abschwellende Effekt nicht ins Gegenteil verkehrt. Ergänzend dazu: Wärmebestrahlung und Tubendurchblasung. Die Patienten sollten viel trinken, damit sich der Schleim verflüssigt. In schwerwiegenderen Fällen kann es nötig sein, einen kleinen Schnitt ins Trommelfell zu machen oder ein Belüftungsröhrchen einzusetzen, um den Druckausgleich wiederherzustellen und einen Ausgang zum Abfließen des Sekrets zu schaffen.

Akute Mittelohrentzündung

Die Akute Mittelohrentzündung ist eine Erkrankung der Mittelohrschleimhaut, die meist durch Bakterien, seltener durch Viren verursacht wird. In der Regel handelt es sich um eine aufsteigende Infektion vom Nasen-Rachen-Raum über die Tube ins Mittelohr im Anschluss an eine Erkältung.

Oft Folge einer Erkältung

Kinder unter zwei Jahren, bei denen die Tubenfunktion noch nicht vollständig ausgebildet ist, sind besonders häufig betroffen, Erwachsene weniger. Die Akute Mittelohrentzündung äußert sich in stechenden Schmerzen im Ohr, akut tritt häufig starkes Fieber auf, dazu mitunter Kopfschmerzen. Meistens beginnt die Erkrankung einseitig.

Der Arzt erkennt die Akute Mittelohrentzündung an einem geröteten Trommelfell. Bildet sich ein Mittelohrerguss, kann der unter Umständen einen Trommelfellriss verursachen; deutlich zu erkennen an einer plötzlichen Eiterentleerung aus dem Gehörgang (Ohrenlaufen). Das ist kein schlechtes Zeichen, so setzt sich die Infektion immerhin nicht in Richtung Innenohr fort.

Therapie: Zur Behandlung werden meist Antibiotika zum Schlucken verordnet. In diesem Fall sollte es zu einer Besserung innerhalb von zwei bis drei Tagen kommen. Bleibt auch die Antibiotika-Behandlung erfolglos, kann der Arzt mit einem kleinen Schnitt das Trommelfell öffnen, um Eiter abfließen zu lassen. Die winzige Wunde heilt in der Regel von selbst wieder zu. Ohrentropfen sind im Übrigen bei der Behandlung der Akuten Mittelohrentzündung nutzlos, denn sie gelangen erst gar nicht an den hinter dem Trommelfell gelegenen Entzündungsort.

Eiter im Ohr

Chronische Mittelohrentzündung

Die Chronische Mittelohrentzündung ist nicht das Ergebnis einer ungenügend behandelten und verschleppten akuten Entzündung, sondern sie ist ein eigenständiges Krankheitsbild. Die Ursache liegt in einem Defekt im Trommelfell, wodurch immer wieder Keime ins Mittelohr eindringen können.

Auf den Geruch des Sekrets achten!

Ein akuter Schub äußert sich im Ohrenlaufen. Hat das abgesonderte Sekret einen unauffälligen Geruch, liegt mit Sicherheit eine Entzündung der Mittelohrschleimhaut vor. Je früher eine Behandlung beginnt, desto eher können weitere Komplikationen vermieden werden. Die Chronische Mittelohrentzündung äußert sich zunächst in einem Druckgefühl und in Ohrgeräuschen. Später können auch Schwindel, Erbrechen und Übelkeit dazukommen.

Therapie: Die akuten Schübe werden mit Ohrentropfen und Antibiotika behandelt. Die eigentliche Ursache der Krankheit kann nur operativ behoben werden: Dabei wird das defekte Trommelfell durch eine Membran aus körpereigenem Material (Muskelhülle, Knorpelhaut) ersetzt. Vor dem Verschluss müssen alle Krankheitsherde entfernt werden.

Mastoiditis und Cholesteatom

Eine besonders schwere oder lang dauernde Entzündung der Mittelohrschleimhaut führt zur Mastoiditis. Das ist die Einschmelzung des Knochens im Warzenfortsatz, die zum Durchbruch nach innen oder außen führen kann.

Gefährliche Erkrankungen

Das Cholesteatom (chronische Knocheneiterung) ist eine gefährliche Sonderform der Chronischen Mittelohrentzündung. Es entsteht einerseits bei randständigen Trommelfelldefekten und andererseits bei Ohren mit besonders wenigen und kleinen lufthältigen Kammern im Warzenfortsatz sowie bei gestörter Tubenfunktion. Dadurch kommt es zu einer Einziehung einer kleinen, besonders dünnen Zone des Trommelfells und damit zur Entwicklung einer Hautzyste, die ins Mittelohr einwächst, sich ständig verdickt und vergrößert, infiziert und allmählich alle Strukturen des Mittelohrs bis zu den Gehirnhäuten zerstört. Das Cholesteatom verursacht häufig lange kaum Beschwerden. Einzige Hinweise darauf sind außer einer möglichen Hörstörung eine übel riechende Sekretion aus dem Ohr, die keinerlei Schmerzen verursacht.

Lange Zeit ohne Beschwerden

Therapie: Eine fortgeschrittene Mastoiditis muss operativ behandelt werden. Auch bei einem Cholesteatom führt kein Weg an einer Operation vorbei. Da die Erkrankungsherde teilweise versteckt und so klein sind, dass sie selbst mit dem Operationsmikroskop nur schwer zu erkennen sind, ist dieser Eingriff immer ein Fall für Spezialisten. Dass es selbst nach Radikaloperationen und völligem Verlust der Gehörknöchelchen häufig möglich ist, dem Patienten ein fast normales Gehör wiederzugeben, gehört zu den Spitzenleistungen der rekonstruktiven Mittelohrchirurgie.

Otosklerose

Bei der Otosklerose handelt sich um knochenartige Neubildungen, die die Beweglichkeit des letzten Gliedes in der Gehörknöchelchenkette, des Steigbügels, einschränken oder völlig aufheben. Die Folge ist eine fortschreitende Schallleitungsstörung. Das Leiden beginnt meist einseitig, nach einigen Jahren erkrankt auch das zweite Ohr.

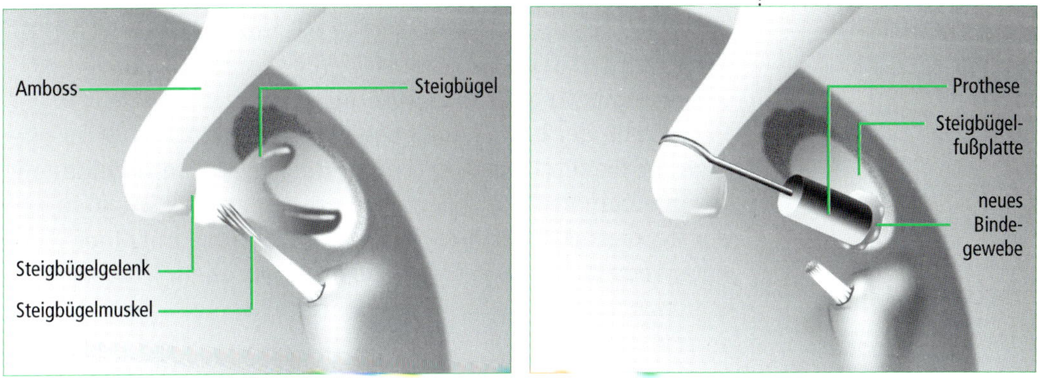

Operation einer Otosklerose: Der Steigbügel wird aus seinem Gelenk mit dem Amboss herausgelöst. In der Fußplatte des Steigbügels wird eine Öffnung angelegt. Anschließend wird diese Öffnung mit neuem Bindegewebe verschlossen, das durch eine Prothese Anschluss an den Steigbügel bekommt.

Frauen besonders betroffen

Betroffen sind vor allem Menschen im Alter zwischen 15 und 40 Jahren. Auffallend ist, dass Frauen erstens doppelt so häufig an Otosklerose erkranken wie Männer und zweitens vor allem während der Schwangerschaft. Man nimmt daher an, dass hormonelle Faktoren bei dieser wahrscheinlich erblich bedingten Krankheit eine entscheidende Rolle spielen.

Typisches Zeichen für eine Otosklerose ist eine langsam, in mehreren Stadien fortschreitende Hörminderung auf beiden Ohren. Zusätzlich klagen die Patienten oft über Ohrgeräusche, die noch unangenehmer empfunden werden als das schlechte Gehör.

Therapie: Die operative Behandlung der Otosklerose führt bei fast allen Patienten zu Hörverbesserungen, bei etwa zwei Drittel von ihnen sind die Hörgewinne sogar ausgezeichnet. Dafür werden Teile des Steigbügels entfernt und anschließend eine Prothese aus Gold, Titan oder Keramik eingesetzt, eine mikrochirurgische Spitzenleistung. An die Operation schließt sich meist die Behandlung mit Fluor an, um ein Wiederauftreten der Veränderungen zu verhüten.

Erkrankungen im Innenohr

Akutes Lärmtrauma

Neben dem Ohr geht ein Schuss aus einem Gewehr los. Ein heftiger Knall, der leicht einen Schalldruckpegel von 150 dB oder mehr erreichen kann – zu viel für die Haarzellen im Innenohr, die mechanisch lahmgelegt werden. Augenblicklich stellt sich ein stechender Ohrschmerz ein, oft verbunden mit einer sofortigen Vertäubung. Der Hörverlust tritt vor allem in hohen Frequenzen auf.

Knall- und Explosionstrauma

In diesem Fall spricht man von einem Knalltrauma. Der Schallimpuls hat weniger als 2 Millisekunden betragen. Ist er länger als 2 Millisekunden, so spricht man von einem Explosionstrauma.

Dabei kann es auch zu einer Verletzung des Trommelfells kommen.

Therapie: Das Ohr erholt sich in der Regel schnell wieder. Es ist allerdings dringend notwendig, ihm anschließend eine ausreichende Ruhezeit zu gönnen. Also auch die Lieblingsmusik nicht zu laut aufdrehen! Nach dem Vorfall kann für einige Zeit ein Ohrgeräusch bleiben, das sehr lästig ist. Beim Akuten Lärmtrauma unbedingt den Arzt aufsuchen! Er hilft mit durchblutungsfördernden Mitteln, mitunter auch mit einer Sauerstoffüberdruck-Therapie: Bei einem Überdruck, der einer Tauchtiefe von 15 Metern entspricht, atmet der Patient reinen Sauerstoff ein. So werden die Haarzellen im Innenohr gezielt mit ihrem wichtigsten Nährstoff, dem Sauerstoff, versorgt.

Lärmschwerhörigkeit

Lärm macht krank. Wer in der Nähe der Einflugschneise eines Flughafens oder an einer stark befahrenen Straße wohnt, klagt oft über Schlafstörungen und Beeinträchtigungen des Herz-Kreislauf-Systems. Ein deutliches Zeichen dafür, dass das Ohr mit dem vegetativen (nicht willentlich steuerbaren) Nervensystem verbunden ist.

Lärm ist nun aber nicht gleich Lärm. Es muss zwischen dem unterschieden werden, der die Psyche belastet, und jenem, der das Gehör schädigt.

Ersterer muss nicht einmal übermäßig laut sein. So kann ein tropfender Wasserhahn extrem belasten. In diesem Fall ist, kurz gesagt, Lärm das, was man nicht hören will. Dieser Lärm beeinträchtigt unser Wohlbefinden, nicht aber unbedingt das Innenohr.

Erst größere Lautstärken – etwa ab 85 dB (die Toleranzgrenzen sind unterschiedlich ausgebildet) – bringen die empfindlichen Haarzellen in Gefahr. Ein akutes Lärmtrauma kann zu einem vorübergehenden, eine chronische Lärmeinwirkung dagegen zu einem dauerhaften und ursächlich nicht behandelbaren Hör-

Foto: Archiv

verlust führen. Je höher und je länger die Schallbelastung, desto schädlicher für das Ohr. Den Motor einer Bohrmaschine mit etwa 90 dB tolerieren gesunde Menschen etwa zehn Stunden, Motorsägen mit 110 dB können dagegen schon nach weniger als zehn Minuten Schäden hervorrufen.

Wirksamer Schutz gegen Lärm

Manche stecken sich einfach einen Wattebausch oder ein zusammengeknülltes Papiertaschentuch ins Ohr. Das ist allerdings zu wenig, um Schall effektiv abzuhalten. Bessere Hilfsmittel zum Schutz des Gehörs bei großem Lärm sind:

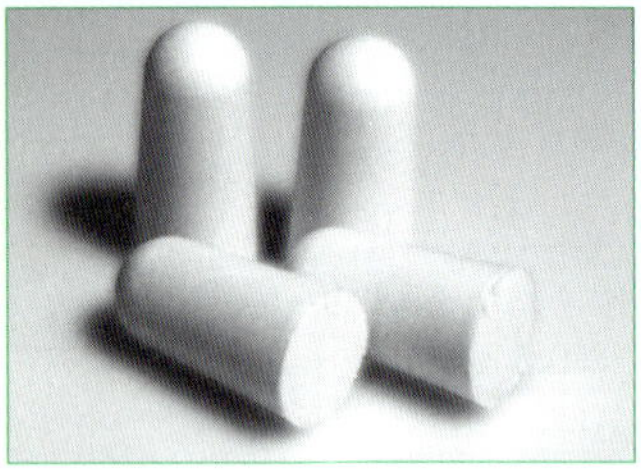

Ohrstöpsel: in Apotheken, Kaufhäusern, Drogerien und Baumärkten zu kaufen. Sie halten Schall gut ab, so gut, dass sie uns geradezu von der Umwelt abschotten. Deshalb ungeeignet für Arbeiten, wo wir uns auch mit den anderen verständigen müssen. Häufiges Einsetzen und Herausnehmen kann zu Verschmutzungen führen, die wiederum Ekzeme oder andere Probleme im Gehörgang verursachen können.

Kapsel-Gehörschützer: Die Kapseln werden so an den Kopf gedrückt, dass die Ohrmuschel dicht umschlossen ist. Schnelles Auf- und Absetzen möglich. Bei Brillenträgern unter Umständen keine einwandfreie Abdichtung.

Hightech-Gehörschützer: eine relativ junge Neuentwicklung, die es beim Hörgeräte-Akustiker zu kaufen gibt. Es handelt sich dabei um Stopfen mit eingebautem Filter. Leises kommt ungehindert durch, Lautes wird herabgesetzt, und zwar gleichmäßig über alle Frequenzen, wodurch die Klangfarbe erhalten bleibt. Je nach Filter ist die Lautstärke um 15 bis 25 dB reduziert. Ein wirksamer Schutz gerade für Musiker. Aber auch für Konzertbesucher: Während ein 110 dB lautes Konzert das Gehör bereits nach zehn Minuten schädigt, können Sie es mit Hörschutz bei 93 dB unbesorgt mehr als sechs Stunden genießen.

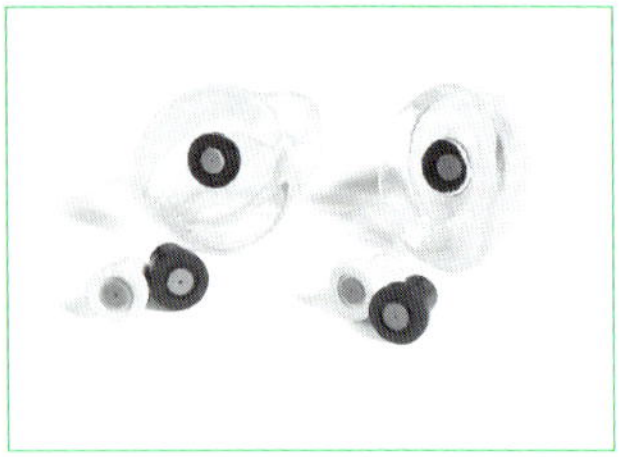

Fotos: Archiv, Hansaton

Lärm wird subjektiv ganz unterschiedlich empfunden. Während dem einen aufheulende Motoren und quietschende Reifen ein Gräuel sind, klingen sie einem anderen wie Musik in den Ohren. Das geradezu Fatale ist: Lärm kann auch als angenehm und stimulierend erlebt werden. Nicht anders ist zu erklären, dass in Diskotheken oder bei Rockkonzerten die Musik besonders laut aus den Boxen dröhnt: Sie kann, biologisch erklärt, beim Besucher Glückshormone (Endorphine) freisetzen und ihn regelrecht in Rauschzustände versetzen.

Lärm ist für viele lästig, für manche stimulierend.

Der gut gemeinte Ratschlag, die Musik einfach leiser zu stellen, geht daher ins Leere. Wer gerne laute Musik hört, kann das weiter tun, vorausgesetzt, er gönnt seinen Ohren anschließend eine Ruhepause. Oft stellt sich nach einem Disko-Besuch ein Zischen und Pfeifen im Ohr ein, das als eine Art Aufschrei der Haarzellen unbedingt ernst genommen werden muss.

Bei geringen Belastungen verkleben die Härchen der Sinneszellen im Innenohr. Bis zu einem gewissen Grad können sie sich danach wieder regenerieren, vorausgesetzt, man räumt ihnen die entsprechende Ruhe zur Erholung ein. Wirkt der Lärm aber sehr lange ein oder hat er extreme Spitzen, werden die Haarzellen dauerhaft zerstört. Studien der Arbeitsgruppe Hörforschung der Universität Giessen ergaben, dass bis zu 25 Prozent der 20-Jährigen unter signifikanten Hörschädigungen leiden.

Der Arbeitsbereich ist durch strenge Lärmschutzverordnungen geregelt. Dennoch halten es viele für mit ihrer Manneswürde oder ihrem Arbeitsethos unvereinbar, ihr Gehör, wenn nötig, entsprechend zu schützen. So wundert es nicht, dass die arbeitsbedingte Schwerhörigkeit immer noch die Liste der Berufskrankheiten anführt.

Bei lauten Arbeiten unbedingt einen Gehörschutz tragen!

In den letzten Jahren ist der zunehmende Freizeitlärm als Problem dazugekommen. Das fängt schon beim Spielzeug an. Da surrt, brummt, kreischt und knallt es, dass es wahrlich keine Freude mehr ist. Und manche drehen den Walkman auf, bis ihnen fast die Ohren abfallen. Die bedenkliche Entwicklung zu einer weiter fortschreitenden „akustischen Umweltverschmutzung“, von der Lärmexperten sprechen, ist auch daran zu erkennen, dass die Signale der Einsatzfahrzeuge binnen weniger Jahre um 20 bis 25 dB zulegen mussten, um den allgemeinen Lärmpegel zu übertönen.

Vorbeugung besonders wichtig

Therapie: Lärmschwerhörigkeit, oft begleitet von einem dauernden Ohrgeräusch, lässt sich nicht ursächlich beheben. Abgestorbene Haarzellen können nicht nachwachsen! Hörgeräte bieten Hilfe, den Hörverlust auszugleichen. Der beste Schutz liegt aber in einer entsprechenden Vorbeugung.

Hörsturz

Es geschieht wie aus heiterem Himmel. Plötzlich hören Sie auf einem Ohr (ganz selten: auf beiden Ohren) kaum oder sogar überhaupt nichts mehr. Dafür haben Sie nun ein Gefühl wie Watte oder Wasser im Ohr. Innerhalb von Sekunden (seltener: von Stunden) ist dieses Ereignis eingetreten. Häufig überrascht es einen morgens beim Aufwachen.

Bei einem Hörsturz dürfen Sie keine Zeit verlieren.

Zu unterscheiden ist diese Vertäubung von kleineren Hörstörungen: Bei jedem hat es schon einmal im Ohr gefiept, gebrummt, gerauscht, und die Umgebung war nur noch leise zu hören – das ist nicht weiter bedenklich. Ein Hörsturz darf dagegen nicht auf die leichte Schulter genommen werden. Daher in diesem Fall sofort einen Arzt aufsuchen!

Als Ursache für den Hörsturz kommt eine ganze Reihe von Möglichkeiten infrage: Infektionen, Durchblutungsstörungen, Stoffwechselkrankheiten, immunologische Erkrankungen oder bestimmte Risikofaktoren wie Alkohol und Stress.

Auffallend ist, dass insbesondere Menschen betroffen sind, die unter starken psychischen und physischen Belastungen leiden. Man spricht daher auch von der Managerkrankheit oder dem Infarkt des Innenohrs. So gesehen kann der Hörsturz auch als Warnzeichen gedeutet werden: Achtung! Zu viel Stress! Leiser treten! Sich wieder einmal eine Ruhepause gönnen!

In 80 Prozent der Fälle kommt es innerhalb kurzer Zeit zur einer spontanen Besserung des Krankheitsbildes. Je früher sie eintritt, desto besser sind auch die Prognosen. Umgekehrt gilt: Je länger der Hörverlust anhält, desto wahrscheinlicher ist, dass er in ein dauerhaftes Leiden übergeht.

Je früher behandelt wird, desto besser sind die Chancen.

Therapie: In der stationären Behandlung wird als Erstes Bettruhe verordnet. Allein die Erholung vom ganz gewöhnlichen Alltagsstress zeigt oft schon große Wirkung. In der akuten Therapie wird versucht, durch Infusionen die Innenohrdurchblutung und den Zellstoffwechsel im Innenohr zu verbessern. Die weitere Behandlung kann Entspannungstherapien bis zur Psychotherapie umfassen, je nachdem, was die wahrscheinliche Ursache ist. Der Hörsturz kann für den Patienten ein Alarmzeichen sein, seine Lebensführung radikal zu ändern.

Morbus Menière

Es kann mit einer leichten Hörbeeinträchtigung beginnen, die vielleicht gar nicht weiter ernst genommen wird. Treten Hörverlust mit starkem Drehschwindel und Übelkeit gleichzeitig auf, ist das Vollbild erreicht. Die Krankheit äußert sich oft in Attacken, die vielleicht nur wenige Sekunden dauern, sich aber auch über mehrere Stunden hinziehen können. Besonders sind Menschen zwischen dem 30. und 40. Lebensjahr betroffen. Die Schwere der Anfälle nimmt in der Regel mit der Häufigkeit ihres Auftretens zu. Am Anfang kann sich der Hörverlust wieder zurückbilden, später kaum noch. Oft treten zusätzlich Ohrgeräusche, vor allem im Tieftonbereich, auf.

Man hört nichts mehr, fühlt nur noch schwankenden Boden unter sich und muss erbrechen – verständlich, dass die Betroffenen bei einer schweren Attacke fürchten, zu sterben. Morbus Menière ist zwar keine lebensbedrohliche Krankheit, sie führt aber zu einer erheblichen Beeinträchtigung der Lebensqualität. Das Tückische ist, dass die Attacken geradezu überfallsartig kommen, ohne sich durch markante Warnzeichen anzukündigen. Nie weiß der Patient, wo und wann es ihn wieder trifft. Zwischendurch können Intervalle der Ruhe von Wochen, Mo-

Ohne Vorwarnung

naten oder sogar Jahren liegen – leider ist es immer nur die berühmte Ruhe vor dem nächsten Sturm.

Beim Morbus Menière ist nicht allein das Hörorgan betroffen, sondern auch das Gleichgewichtsorgan, also das gesamte Innenohr. In der mit Flüssigkeit gefüllten Schnecke entsteht ein Überdruck, da Produktion und Abtransport dieser Flüssigkeit gestört sind, was zu einem wahren Chaos mit Fehlinformationen im Innenohr führt.

Ähnlich wie bei Hörsturz und Tinnitus ist auch beim Morbus Menière ein ganz bestimmter Persönlichkeitstyp auffallend oft betroffen: Die meisten Patienten sind ehrgeizig, immer im Stress und pflichtbewusst bis zur Selbstaufgabe. Sie stehen also immer unter Druck, und dieser Druck manifestiert sich zunächst in dauernden Verspannungen im Nacken und führt dann vermutlich auch zum Kollaps im Innenohr. So gesehen wirkt das Innenohr wie eine Art Sicherung, die bei Überlastung herausspringt. Mit dem deutlichen Hinweis, dass die Betroffenen sich mehr Zeit nehmen und im wahrsten Sinne in sich hineinhören sollten.

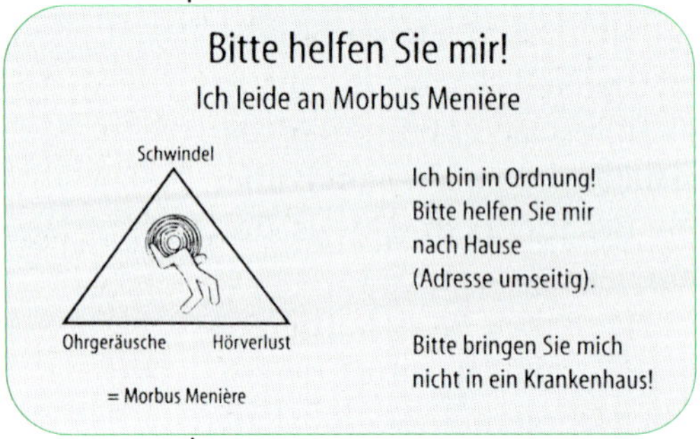

Immer dabei: Ihre Notfallskarte sollten Sie stets bei sich haben.

<u>Therapie:</u> Es gibt eine schier unübersehbare Zahl an Behandlungsempfehlungen – und nichts zeigt zugleich deutlicher die therapeutische Unsicherheit auf. Bis heute gibt es keine ursächliche Therapie des Morbus Menière, und Spontanheilungen treten so gut wie nie auf. Nicht weniger ernüchternd sind die geringen Erfolgsquoten der einzelnen Maßnahmen.

Das heißt aber trotzdem nicht, dass nichts gemacht werden könnte. Möglichkeiten bestehen vor allem in der symptomatischen Behandlung. Medikamente helfen gegen Schwindel und Übelkeit. Zäpfchen eignen sich dafür besser als Tabletten, die wieder erbrochen werden könnten. Betroffene sollten diese „Notfallausrüstung“ immer bei sich haben, um für Attacken gerüstet zu sein.

Allgemeine Maßnahmen umfassen die Umstellung auf eine salzarme Ernährung, Gleichgewichts- und Entspannungsübungen, die bis zur grundsätzlichen Neuorientierung im Leben reichen können: weniger Stress und mehr freie Zeit. Da der Morbus Menière nicht direkt therapeutisch behandelt werden kann, ist es auch wichtig, dass der Patient einen Weg findet, mit seiner Krankheit zu leben und sie letztlich zu akzeptieren, statt nur (erfolglos!) gegen sie ankämpfen zu wollen.

Mit der Krankheit leben

Treten die Schwindelanfälle unerträglich häufig auf, kommt auch eine Ausschaltung des Gleichgewichtsapparats infrage. Die Lösung besteht dann neben anderen operativen Techniken in einer chemischen Zerstörung des Innenohrs. Um den Preis allerdings, dass dabei auch das Hörorgan mit ausgeschaltet wird.

Bei der Anpassung von Hörgeräten sollten Sie unbedingt darauf achten, dass wegen des schwankenden Krankheitsverlaufes auch die Stärke der Schwerhörigkeit wechselt. Ihr Gerät muss daher ständig nachgeregelt werden.

Tinnitus

Es summt, brummt, zischt, knallt oder pfeift im Ohr, ohne dass eine Geräuschquelle dafür auszumachen wäre. Immer ist da eine Art kleiner Mann im Ohr, der keine Ruhe gibt. So verschieden die permanenten Geräusche sein können, der Einzelne hört immer dasselbe. Eine große Beeinträchtigung der Lebensqualität, denn es gibt keine Möglichkeit, diesem unangenehmen Quälgeist zu entkommen, geschweige denn ihn wie auf Knopfdruck abzustellen. Nie ist es im Kopf still.

Lärm im Kopf

Tinnitus (vom lateinischen tinnire = klingeln) ist heute bereits eine Volkskrankheit. Früher waren vor allem ältere Menschen betroffen, nun sind es auch immer mehr jüngere. Genau genommen kann man bei Tinnitus nicht von einer Krankheit sprechen. Es handelt sich vielmehr um das Symptom einer Störung im Hörsystem.

Der dauernde Krach im Ohr ist gewissermaßen hausgemacht. Manchmal kann man den produzierten Ton auch physikalisch messen, dann liegen muskuläre oder vaskuläre Ursachen vor. In diesem Fall handelt es sich um ein objektives Ohrgeräusch. Öfter tritt allerdings das subjektive Ohrgeräusch auf: Nur der Betroffene hört es, und es lässt sich auch nicht objektiv messen.

Ohrgeräusche als ungelöstes Rätsel

Tinnitus gab es schon immer. In der Antike hielt man die Geräusche für Stimmen der Götter. Heute steht die moderne Wissenschaft eher vor einem Rätsel. Man hat viele Vermutungen, aber keine letzte Gewissheit, wie es zu Tinnitus kommt.

Häufig tritt die Störung als Begleiterscheinung nach einem Knalltrauma *(➜ Seite 42)* oder einem Hörsturz *(➜ Seite 46)* auf. Wie beim Hörsturz oder bei Morbus Menière gilt auch bei Tinnitus Stress als Auslöser, also eine länger anhaltende psychische oder physische Überforderung. Insofern ist Tinnitus nicht, wie gerne gesehen, die Ursache eines Problems, sondern vielmehr dessen Symptom. Viele erkennen in der Störung denn auch einen Aufschrei der Seele.

Tinnitus tritt oft zusammen mit einem Hörverlust auf. Das ständige Ohrgeräusch wird vom Schwerhörigen gerade deshalb verstärkt wahrgenommen, weil er die überdeckenden Außengeräusche nicht mehr richtig hören kann.

Je lauter, desto quälender

Inwieweit Tinnitus als Leiden empfunden wird, hängt zum einen vom Ohrgeräusch selbst ab. Je lauter und dauerhafter, umso schlimmer. Während manche Patienten zwischendurch auch immer wieder Ruhepausen erleben, sind andere von dem Quälgeist keinen Augenblick frei. Es hängt aber auch von der inneren Einstellung jedes Einzelnen ab, ob er der Störung große oder nur geringe Aufmerksamkeit einräumt. Je nachdem ist die individuelle Lebensqualität mal mehr, mal weniger stark beeinträchtigt. Häufige Begleiterscheinungen sind Schlafstörungen,

Angstzustände und Depressionen. In schwer wiegenden Fällen kann Tinnitus auch zu Arbeitsunfähigkeit führen.

Therapie: Gute Hoffnung auf Besserung besteht beim allerersten Auftreten von Tinnitus. Daher möglichst früh einen Arzt aufsuchen! In den überwiegenden Fällen werden sich die Betroffenen allerdings damit abzufinden haben, dass das Leiden, wenn es einmal chronisch ist, zwar gemindert, aber nicht absolut behoben werden kann.

Keine Aussicht auf Heilung

Da die Ursachen ganz unterschiedlich sein können, gibt es kein starres Therapiekonzept, sondern jede Maßnahme richtet sich nach dem einzelnen Patienten. Mitunter kann schon ein Hörgerät eine wertvolle Hilfe bedeuten, da mit ihm die Außengeräusche wieder deutlicher zu hören sind, womit das quälende Ohrgeräusch automatisch in den Hintergrund tritt.

Es gibt auch so genannte Masker, die wie Hörgeräte aussehen, und deren Funktion darin besteht, mit einem dauernden Rauschen den Tinnitus zu überdecken. Als die wesentlichste Maßnahme hat sich allerdings eine psychische Verarbeitung des Leidens erwiesen. Der Betroffene lernt, mit Tinnitus zu leben, seine Störung zu akzeptieren. Der Feind wird quasi zum Freund erklärt. Es gilt, so etwas wie eine positive innere Einstellung zu seinem Leiden zu finden. Dazu bieten sich auch viele alternative Methoden an. Das Spektrum reicht von Autogenem Training über Yoga bis zu manualmedizinischen Maßnahmen.

Im Zweifelsfall weniger Stress

Stressgeplagte Patienten müssen zusehen, dass sie im wahrsten Sinne des Wortes nicht mehr so viel um die Ohren haben. So viele Möglichkeiten auch bestehen, eine sinnhafte Therapie darf sich nicht auf ein probeweises Hintereinander einzelner Therapiemethoden reduzieren.

Altersschwerhörigkeit

Der Begriff Altersschwerhörigkeit scheint auf Anhieb nicht weiter erklärungsbedürftig. Das ist eben, möchte man spontan sagen, jene Schwerhörigkeit, die im Alter auftritt. Schließlich wissen wir aus unserem alltäglichen Leben, dass wir im Umgang mit älteren Menschen gewöhnlich um eine Spur lauter und deutlicher sprechen müssen, um verstanden zu werden.

Nicht nur eine Frage des Alters

Die Medizin sieht die Sache freilich etwas differenzierter und diskutiert, inwieweit der natürliche Alterungsprozess überhaupt als einzige Ursache geltend gemacht werden kann. Denn im Laufe eines Lebens schädigen ja auch andere Faktoren das Gehör, so beispielsweise Lärm oder Infektionen. Wo verläuft nun die Grenze zwischen Altersschwerhörigkeit und beispielsweise Lärmschwerhörigkeit?

Der Streit um die exakte Definition soll uns hier nicht weiter interessieren. Schließlich ist es für den Betroffenen ohnehin von untergeordneter Bedeutung. In jedem Fall liegt eine Schädigung im Innenohr vor, die höchstens ausgeglichen, nicht aber rückgängig gemacht werden kann. Die Sinneszellen sind ein für alle Mal untergegangen. Der Hörverlust betrifft vor allem die hohen Frequenzen, kann sich aber mit der Zeit auch auf die tieferen Frequenzen ausweiten.

Probleme im Hochtonbereich

Die Altersschwerhörigkeit bedeutet für den Betroffenen, dass er im Alltag vor allem Schwierigkeiten im Sprachverständnis hat. Es kommt zu diesem typischen Phänomen, dass er gesprochene Sprache zwar hören, aber nicht verstehen kann. Der Grund: Die Wörter, die wir verwenden, decken ganz unterschiedliche Frequenzbereiche ab. Vokale liegen im Tiefton-, Konsonanten eher im Hochtonbereich. Erstere versteht der Altersschwerhörige gut, die anderen schlecht oder gar nicht. Dadurch weisen die Wörter für ihn plötzlich Lücken auf, es kommt zu Fehlhörigkeit. Die Bedeutung des Gesagten kann der schlecht Hörende höchstens aus dem Gesamtzusammenhang erschließen.

Bei älteren Menschen ist nicht nur das Innenohr geschädigt, auch ihre Konzentrations- und Gedächtnisleistungen sind altersbedingt oft herabgesetzt. Eine schwere Einbuße, wenn man bedenkt, dass unser Hörsystem bei flüssiger Sprache pro Sekunde zwei bis drei Wörter, also vier Silben oder 15 bis 20 Laute analysieren muss. Kein Wunder, dass einfache Unterhaltungen daher ältere Menschen schnell anstrengen und ermüden können.

Besonders schwer tun sich Menschen mit Altersschwerhörigkeit mit der Konzentration auf einen Gesprächspartner, wenn mehrere gleichzeitig sprechen. In diesem Fall kommt es zu dem gefürchteten so genannten Cocktail-Effekt: Anders als Normalhörende können Altersschwerhörige die Umgebungsgeräusche nicht ausblenden und damit überhören. Oft hilft es auch nichts, wenn der Gesprächspartner nun besonders laut spricht. Denn bei niedrigem Schallpegel hören die Altersschwerhörigen schwer oder nichts, ein hoher Schallpegel erreicht wiederum schnell ihre Unbehaglichkeits- oder Schmerzgrenze *(➜ Seite 12)*.

Therapie: Altersschwerhörigkeit ist ein Problem, das künftig noch zunehmen wird, weil die Lebenserwartung der Bevölkerung ständig steigt. Der beste Schutz besteht in einer entsprechenden Vorbeugung, das heißt in einer möglichst umfassenden Schonung des Gehörs. Denn eine Heilung ist bis heute nicht möglich. Der Verlust der Haarzellen ist nicht mehr rückgängig zu machen. Eine ausgleichende Hilfe bieten Hörgeräte, unter Umständen auch hirnleistungsfördernde Substanzen, die der HNO-Arzt verschreibt.

Viel zu leise – und viel zu laut

„Um Dir einen Begriff von dieser wundersamen Taubheit zu geben, so sage ich Dir, dass ich mich im Theater ganz dicht am Orchester anlehnen muss, um den Schauspieler zu verstehen... Manchmal auch hör ich den Redenden, der leise spricht, kaum, ja die Töne wohl, aber die Worte nicht; und doch sobald jemand schreit, ist es mir unausstehlich."
(Der Komponist Ludwig van Beethoven 1801 in einem Brief an seinen Jugendfreund und Arzt Dr. Wegeler)

Schäden durch Medikamente

Schwerhörigkeit kann auch durch Arzneimittel verursacht werden. Einige Medikamente, die in anderen Bereichen höchst wirkungsvoll sind, können als Nebenwirkung das Innenohr schädigen.

Warum gerade das Innenohr? Weil der Stoffwechsel in der Innenohrflüssigkeit langsamer vor sich geht als im Blutkreislauf. So ist es möglich, dass es zu einer höheren Konzentration der schädigenden Stoffe kommt.

Sensibles Innenohr

Ob ein Medikament in seinen Nebenwirkungen schädlich ist, hängt allerdings von mehreren Faktoren ab: Unter anderem von der Menge und Dauer der Einnahme oder auch davon, ob bereits eine Funktionsstörung der Nieren oder des Innenohrs vorliegt. Im einen Fall werden die Giftstoffe nicht mehr ordentlich ausgeschieden und im anderen ist das Innenohr anfälliger für weitere Schädigungen.

Wann immer Sie Medikamente verschrieben bekommen oder in der Apotheke kaufen: Machen Sie Ihren behandelnden Arzt oder Apotheker in jedem Fall auf eine eventuell bereits bestehende Hörbeeinträchtigung aufmerksam. Er muss dann Nutzen und Risiko des verordneten beziehungsweise verkauften Präparats gegeneinander abwägen. Stellen Sie nach einer Medikamenteneinnahme eine weitere Hörbeeinträchtigung fest, so verständigen Sie sofort Ihren Arzt!

Substanzen, die das Innenohr schädigen können, sind in folgenden Medikamenten enthalten:

Hörschäden durch Medikamente

- Antibiotika: Streptomycin, Kanamycin, Neomycin, Gentamycin, Tobramycin
- Entwässerungsmittel (Diuretica): Ethacrynsäure, Furosemid
- Krebsmittel (Zytostatika): Cisplatin
- Außerdem in Mitteln gegen Herzrhythmusstörungen, Depressionen, Epilepsie und in Präparaten zur Behandlung von Allergien, Bluthochdruck und rheumatischen Erkrankungen.

Therapie: Ob Arzneimittel gegen Epilepsie oder gegen Herzrhythmusstörungen – es gibt kaum welche, die nicht auch Gift für das Ohr sind. Schäden am Innenohr sind irreversibel, das heißt, sie sind nicht mehr rückgängig zu machen. Daher heißt es hier einmal mehr: Medikamente nur anwenden, wenn unbedingt nötig. Es gibt keine Arzneimittel ohne Nebenwirkungen!

Schädigung durch Infektionen
Eine Innenohrschwerhörigkeit kann auch als Folge einer Infektion auftreten. Vor allem eine Gehirnhautentzündung, Röteln, Masern, Mumps und Zoster spielen da eine unrühmliche Rolle. Diese viralen Erkrankungen können, müssen aber nicht, zu einer Schwerhörigkeit führen. Bis heute ist ihre schädigende Wirkungsweise nicht genau bekannt.

Therapie: Die ursächliche Behandlung einer Virusinfektion ist nicht möglich. Umso wichtiger ist daher die Vorbeugung durch Impfungen. Hörgeräte können den Hörverlust nur bedingt ausgleichen.

Impfungen schützen auch das Gehör.

Erkrankungen im Gehirn

Die Ursache einer Hörstörung liegt hier in der Art der zentralen Verarbeitung von akustischen Eindrücken. Durch größere Geschwülste oder Durchblutungsstörungen können Teile der Hörbahn mit betroffen sein. Möglich auch, dass infolge einer seelischen Blockierung die Schallinformation im Gehirn nicht weiter verarbeitet wird.

Zentral bedingte Schwerhörigkeiten sind dadurch charakterisiert, dass vor allem die Unterscheidungsmöglichkeit des Gehörs eingeschränkt ist. Der Patient hört zwar akustische Signale, versteht aber ihre Bedeutung nicht. Diese Schwerhörigkeit kann Teil einer neurologischen Erkrankung sein, die genau abgeklärt werden muss.

Hören, ohne zu verstehen

Therapie: Die Behandlung richtet sich nach der Grundkrankheit. Sie kann psychotherapeutisch, medikamentös oder chirurgisch sein.

Leben mit dem Hörverlust

Auch wenn ein Hörschaden unsichtbar ist: Je eher Sie Ihre Behinderung akzeptieren und in Ihre Lebensgestaltung integrieren, desto besser – für Sie selbst, aber auch für Ihre Umwelt.

Foto: Archiv

Die unsichtbare Behinderung

Gerade jüngere Menschen leiden besonders unter Schwerhörigkeit.

Viele Wege können, wie in den vorherigen Kapiteln gezeigt, zu einer Schwerhörigkeit führen. Je höher der Grad der Hörminderung, desto seltener kommt sie glücklicherweise vor. Zwar ist Schwerhörigkeit an kein Alter gebunden, doch statistisch gesehen sind am häufigsten ältere Menschen betroffen. Schlecht hören gilt daher als eine typische Alterskrankheit. Das stellt für manche Betroffene in jüngeren Jahren ein ernsthaftes Problem dar: Angestrengt unternehmen sie alles, um diesen vermeintlichen „Makel des Alters" zu verstecken. Wenn die Devise jung, fit und leistungsstark lautet, bekommt das eigene Image, so fürchten nicht wenige Hörbehinderte, durch ein offen getragenes Hörgerät einen erheblichen Kratzer.

Gefahr des sozialen Rückzugs

Das ist die ebenso gute wie schlechte Seite der Hörbehinderung: Sie lässt sich sehr leicht verstecken. Einem Blinden sieht man seine Behinderung sofort an, einem Hörgeschädigten dagegen nicht. Ein Hörschaden ist unsichtbar. Und er lässt sich gut tarnen – um den Preis des sozialen Rückzugs allerdings. Manche Hörbehinderte heben das Telefon nicht mehr ab oder sagen Treffen mit Freunden ab, aus Angst, auf Ungeduld, Unverständnis und Vorurteile bei den anderen zu stoßen.

Das hängt nicht zuletzt damit zusammen, dass wohl die Einschränkungen eines Blinden sehr leicht nachzuvollziehen sind. Jeder ist schon einmal durch einen dunklen Raum getappt und hat sich dabei sehr unsicher gefühlt. Mit welchen Einschränkungen ein Schwerhöriger zu leben hat, ist dagegen für den Normalhörenden sehr viel schwerer nachzuvollziehen. Was bedeutet es, nicht mehr gut hören zu können?

Eingeschränkte Wahrnehmung

„Ich glaub', ich trau' meinen Ohren nicht" – eine beliebte umgangssprachliche Redewendung, die wir dann gebrauchen, wenn wir für unfassbar halten, was der andere gerade gesagt hat.

Sie kann aber auch ganz wörtlich verstanden werden: Wer schlecht hört, traut seinen Ohren nicht. Soll heißen, er ist in seiner Wahrnehmung eingeschränkt, was wiederum Unsicherheit und Misstrauen gegenüber den anderen zur Folge hat.

Schlecht hören macht besonders unsicher.

Mit globalen Aussagen sollte man immer vorsichtig sein, doch Psychologen haben bei vielen Schwerhörigen als typischen Charakterzug ein ausgeprägtes Misstrauen festgestellt. Ein Misstrauen, das seinen Ursprung im beeinträchtigten Hören hat, was naturgemäß zu einer Verunsicherung des Selbst führt. „Habe ich jetzt richtig verstanden? Sicher reden sie schlecht über mich", denkt der Schwerhörige oft und nimmt instinktiv eine Art Abwehrhaltung ein.

Nun nehmen wir mit unseren Ohren viel mehr auf als nur Gespräche. Schauen wir uns die weiteren Funktionen des Gehörs an. In allen Bereichen kommt es für den Schwerhörigen zu einer einmal mehr, einmal weniger stark ausgeprägten Einschränkung:

Orientierungsfunktion

Die dumpfen Schritte auf dem erdigen Boden, das Rascheln der Blätter, dazu vielleicht das Singen der Vögel – diese Geräuschkulisse vermittelt uns unmittelbar: Wir sind im Wald. Wir hören Stimmen, Autos, Verkehr – und wissen, wir sind auf der Straße. Auch mit geschlossenen Augen können wir unterscheiden, ob wir in einem kleinen, mit Teppich ausgelegten Zimmer sind oder in einem großen, hallenden Raum. Diese ständig präsenten akustischen Informationen nehmen wir meist gar nicht bewusst wahr. Trotzdem verbinden sie uns mit der jeweiligen Umgebung. Mit nachlassendem Gehör nimmt dieser gefühlshafte Bezug ab. Plötzlich hören wir im Wald kein Vogelgezwitscher mehr. Das mag zunächst gar nicht weiter auffallen, doch je stummer die Welt um einen wird, desto mehr bekommt sie etwas Unwirkliches und damit auch Unwirtliches. Verschwinden die vertrauten Geräusche, leidet unser Sicherheitsempfinden darunter. Deutlich zeigt sich das im Straßenverkehr: Können wir herannahende Autos nicht mehr hören, steigt die Unsicherheit.

Eine stumme Welt ist eine unwirtliche Welt.

Alarmierungsfunktion

Ein Autofahrer hupt – sofort bringen wir uns in Sicherheit. Der Ton signalisiert unmissverständlich Gefahr. Nun braucht das Warngeräusch nicht in jedem Fall laut zu sein. Auch ein ungewohntes Klopfen im Motor während einer Autofahrt kann uns alarmieren. Misstöne in der vertrauten akustischen Kulisse zeigen uns an: Etwas stimmt nicht!

Mit unseren Augen können wir immer nur in eine Richtung blicken. Mit unseren Ohren hören wir dagegen ringsum, können also auch Schritte wahrnehmen, die sich uns von hinten nähern. Bei einem Schwerhörigen kann diese akustische Warnfunktion nun ganz ausgefallen sein. Er bemerkt nicht, dass jemand von hinten an ihn herantritt. Steht der andere dann vor ihm, mag ihn dessen plötzliches Erscheinen geradewegs erschrecken. Die Grundstimmung eines Schwerhörigen kann so durch eine latente Ängstlichkeit und Schreckhaftigkeit geprägt sein.

Emotionale Wahrnehmungsfunktion

Töne können auch die Quelle ästhetischen Genusses sein. Musik hat potenziell die Kraft, einen in gute oder traurige Stimmung zu versetzen. Der eine ist empfänglicher dafür, der andere weniger. Für einen leidenschaftlichen Konzertbesucher ist es sicher ein starker Verlust an Lebensfreude, wenn ihm eine Höreinbuße nicht mehr den gewohnten Musikgenuss erlaubt.

Kommunikationsfunktion

Das Führen von Gesprächen wird zur Schwerarbeit.

Es ist das scheinbar Selbstverständlichste auf der Welt: sich mit anderen unterhalten. Für einen Schwerhörigen kann ein Gespräch allerdings die größte Anstrengung bedeuten. Er versteht den anderen nicht, oder vielleicht doch, ist sich aber unsicher, ob er ihn richtig verstanden hat. Dauernd muss er nachfragen, irgendwann lässt er es sein, weil er nicht lästig werden möchte. Obwohl er sich mit aller Kraft konzentriert und sich ehrlich bemüht, kommt doch alles andere als eine flüssige Unterhaltung zu Stande. Ergebnis: Frustration auf beiden Seiten.

Die Verständigung von Mensch zu Mensch ist gestört, unter Umständen gar unmöglich. Das hat Auswirkungen auf das private wie berufliche Leben. Menschen, die in ihrer Arbeit viel mit anderen Menschen zu tun haben, müssen im Extremfall ihren angestammten Beruf aufgeben und einen neuen lernen. Es drohen Rückzug und Vereinsamung.

Eine Höreinbuße kann also Folgen haben, die weit über die Einschränkung der Hörfähigkeit hinausgehen. Plötzlich ist die ganze Lebensplanung über den Haufen geworfen. Mit Freunden trifft man sich nicht mehr, weil jede Unterhaltung einen Kraftakt bedeutet. Einen neue Arbeit muss man sich suchen, weil man im alten Beruf nicht mehr die nötige Leistung bringt.

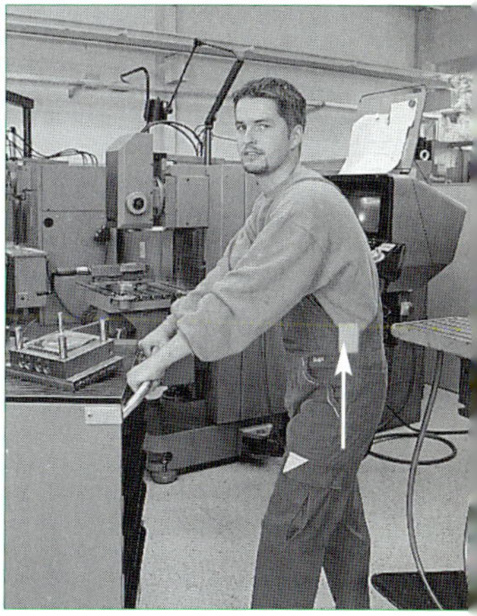
Foto: Humantechnik

Eingeschränkt möglich:
Nicht alle, aber viele Berufe können Sie trotz einer Hörstörung ausüben. (Im Bild ein Taschenhörgerät)

Psychische Verarbeitung

„Nicht-Sehen trennt den Menschen von den Dingen, Nicht-Hören trennt den Menschen von den Menschen“, hat bereits der Philosoph Immanuel Kant geschrieben. Das Tor zur Welt wird kleiner. Dem Sozialwesen Mensch droht der Ausschluss aus der Gemeinschaft. Eine Perspektive, die für manche Schwerhörige geradezu unerträglich ist. Laut Statistik ist die Zahl der Selbstmordversuche unter den Schwerhörigen zehnmal so hoch wie in der Normalbevölkerung. Besonders gefährdet sind jene Menschen, die die Höreinbuße plötzlich und damit völlig unvorbereitet trifft. Bei ihnen stellen sich oft psychosomatische Beschwerden ein wie Schlafstörungen, Kopfschmerzen, Niedergeschlagenheit, Unruhe und Resignation.

Es hängt von mehreren Faktoren ab, wie belastend ein Hörverlust empfunden wird: zum einen natürlich vom Schweregrad der Höreinbuße, nicht zuletzt aber auch davon, wie Freunde und Angehörige reagieren. Nehmen sie Rücksicht und helfen sie? Oder zeigen sie nur Unverständnis und Ungeduld?

Ein Hörverlust wird verschieden stark erlebt.

Es liegt jedoch nicht nur an den anderen (auf die man sich im Bedarfsfall gerne ausreden kann). Wir sind für unser Schicksal auch selbst verantwortlich. Es liegt an unserer eigenen Fähigkeit und Bereitschaft, den möglicherweise mit einem Hörgerät behandelbaren Hörverlust anzunehmen und mit ihm zu leben.

Für den Betroffenen kommt es darauf an, Abschied nehmen zu können. Abschied von einem selbstverständlichen Teil der eigenen Identität, dem problemlosen Hören. Es geht darum, einen schweren Verlust in die weitere Lebensgestaltung zu integrieren.

Nun ist das leichter gesagt als getan. Ähnlich wie beim Verlust eines geliebten Menschen müssen Schwerhörige verschiedene Stadien der psychischen Verarbeitung durchlaufen.

Die fünf Stadien der psychischen Verarbeitung

Phase 1: Leugnen. Am Anfang ist es ganz natürlich, dass der Betroffene den Verlust nicht wahrhaben will. Er glaubt, bald wieder so gut wie vorher hören zu können, doch damit belügt er sich nur selbst. Eine Art Schutzmechanismus: Er möchte der Wahrheit nicht ins Auge blicken.

Phase 2: Wut. Die nächste Reaktion ist Wut. Wut auf sich selbst oder auf die anderen, je nachdem, wer „Schuld" hat. Man fühlt sich ungerecht behandelt: Warum hat es gerade mich getroffen? Die Folgen sind Unzufriedenheit und Gereiztheit.

Phase 3: Verhandeln. Die Suche nach Lösungen beginnt. Und man hat gute Vorsätze: „Na gut, ich führe künftig ein gesünderes Leben, wenn es eine Operation gibt, die mir hilft." Immer noch hadert der Betroffene mit seinem Schicksal.

Phase 4: Verzweifeln. Es gibt keine einfache Lösung. Der Hörverlust lässt sich nicht wie auf Knopfdruck rückgängig machen. Der Betroffene ist nahe daran zu resignieren. Das Leben ist für ihn unerfreulich und ohne Zukunft.

Phase 5: Akzeptieren. Der Betroffene beklagt nicht mehr sein Schicksal, sondern nimmt es als sozusagen neuen Teil seiner selbst an. Er ist entschlossen, das Beste aus seiner Situation zu machen. Wie es war, wird es nicht mehr sein, das weiß er, und er macht sich keine falschen Illusionen. Er sucht nach Wegen, möglichst gut mit seiner Behinderung zu leben.

Das Ziel ist damit klar: Dem Betroffenen muss es gelingen, den Hörverlust zu akzeptieren. Auch wenn am Hörstatus selbst nichts zu ändern ist, soll die Freude am Leben wieder steigen. Auf dem Weg durchläuft er die aufgezeigten Phasen, die nicht immer klar voneinander getrennt sind.

„Welche Demüthigung..."

„...wenn jemand neben mir stund und von weitem eine Flöte hörte und ich nichts hörte oder jemand den Hirten singen hörte, und ich auch nichts hörte, solche Ereignisse brachten mich nahe an Verzweiflung, es fehlte wenig, und ich endigte selbst mein Leben."
(Der Komponist Ludwig van Beethoven, 1802)

Für viele Hörbehinderte ist es eine Hilfe, wenn sie sich mit anderen Betroffenen über ihr Leid austauschen können. Das schafft Erleichterung. In diesem Zusammenhang sind Selbsthilfeorganisationen zu empfehlen. Auch Entspannungsübungen können als unterstützende Maßnahme helfen, damit die Situation nicht mehr als so belastend empfunden wird.

Die Behinderung akzeptieren und integrieren

Aktion statt Stagnation! Unter dieses Motto könnte man den psychischen Verarbeitungsprozess stellen. Es geht um aktive Auseinandersetzung mit dem Hörverlust, die nicht zuletzt auch zu einem neuen Selbstbewusstsein führen kann, die einen ganz selbstverständlich zu seiner Hörbehinderung stehen lässt.

Hörtaktik

Hörbehinderte schützen gerne Uninteressiertheit vor, wenn sie an Gesprächen in Gruppen nicht mehr teilnehmen können. Aus Unsicherheit, aus Scham, aus dem Verlangen heraus, sich nur keine Blöße zu geben. Dieser zur Schau gestellte Gestus des Überlegenen kostet aber in erster Linie Kraft. Davon abgesehen kann dieses „Versteckspiel" ohnehin keine Lösung sein.

Wesentlich zielführender ist, Sie organisieren ein Gespräch so, dass es für beide Seiten nicht zu einer Qual wird. Informieren Sie Ihren Gesprächspartner über Ihre Hörbehinderung. Das hilft,

Tipps für Schwerhörige

- Setzen Sie sich so, dass das Licht auf das Gesicht Ihres Gesprächspartners fällt. So können Sie von seinen Lippen ablesen. Wählen Sie in Gesellschaft einen Platz möglichst in der Nähe Ihres Gesprächspartners.
- Fragen Sie nicht einfach „was?“ oder „wie bitte?“, sondern wiederholen Sie nach Möglichkeit, was Sie schon verstanden haben. Dann weiß der andere, wo er mit seiner Wiederholung einsetzen soll.
- Wenn Sie müde werden und das Gespräch Sie bereits anstrengt, so sagen Sie es Ihrem Gesprächspartner.

Tipps für Normalhörende

- Reden Sie von Angesicht zu Angesicht mit dem Schwerhörigen, nicht von hinten oder gar von einem anderen Raum aus. So wie der Sehbehinderte seinen Tastsinn ausbildet, um sich leichter zu orientieren, kann der Schwerhörige mit seinem Gesichtssinn zusätzliche Informationen einholen, die ihm helfen, das Gesprochene besser zu verstehen.
- Sprechen Sie ruhig und nicht zu schnell. Vermeiden Sie Schreien, denn das verzerrt nur den Ton. Außerdem sind laute Geräusche gerade für hörbehinderte Menschen oft schmerzhaft. Machen Sie auch keine übertriebenen Mundbewegungen.
- Unterbinden Sie Störgeräusche. Schalten Sie den Fernseher oder das Radio möglichst aus. Eine laute Umgebung erschwert das Verstehen.

Gespräche anders organisieren

von vornherein Missverständnisse zu vermeiden. Mit einer gewissen Hörtaktik – das heißt, der Anpassung der Gesprächssituation an Ihr eingeschränktes Hörvermögen – lassen sich weitere Probleme aus dem Weg räumen oder zumindest verringern. Die oben genannten Punkte sollten im Umgang von Schwerhörigen mit Normalhörenden beachtet werden.

Absehkurse

In Volkshochschulen oder den Ortsvereinen des Schwerhörigenbundes werden für Schwerhörige und Ertaubte Absehkurse angeboten. In ihnen wird vermittelt, welche sichtbaren Stel-

- Achten Sie darauf, dass Ihre Lippen immer frei sind, damit der Schwerhörige davon ablesen kann. Also möglichst keine übertriebenen Handbewegungen vor dem Gesicht. Legen Sie eine Sprechpause während des Rauchens, Kauens oder Lachens ein.
- Vermeiden Sie lange und komplizierte Sätze. Machen Sie immer wieder kurze Pausen und vergewissern Sie sich, dass Sie verstanden werden. Sprache ist für jemanden mit einer Hörbehinderung oft eine Art Puzzle, das er sich zusammensetzen muss. Manchmal versteht er nichts, dann kann er sich aus Satzteilen, Mundbewegungen und Gesten ungefähr zusammenreimen, wovon die Rede ist. Mitunter gelingt ihm das erst am Ende des Gesagten.
- Wurden Sie nicht verstanden, so wiederholen Sie den Sachverhalt mit anderen Worten, statt das Gleiche mehrmals zu wiederholen. Das ermüdet nur und frustriert.
- Wenn Sie wichtige Informationen über Name, Adresse, Ort oder Zeit geben wollen, so schreiben Sie das am besten auf. Damit kann es zu keinen Missverständnissen kommen.
- Bedenken Sie, dass Schwerhörige in unterschiedlichen Situationen unterschiedlich gut hören. Das hat nichts mit Launen zu tun, sondern mit einer je nach Verfassung wechselnden Konzentrations- und Aufnahmefähigkeit.
- Wenn in Gruppengesprächen das Thema gewechselt wird, teilen Sie das dem Schwerhörigen mit: „Wir sprechen jetzt über…“ Das Stichwort mag ihm helfen, nicht vollständig Verstandenes aus dem Zusammenhang zu erschließen.
- Wird Ihr Gegenüber müde und kann dem Gespräch nicht mehr folgen, so zeigen Sie dafür Verständnis. Hören und vom Mund ablesen strengt Schwerhörige wesentlich mehr an als einen Normalhörenden.

lungen oder Bewegungen des Mundes charakteristisch sind für bestimmte Laute. So lernen die Teilnehmer vom Mund abzulesen – genauer gesagt: abzusehen. Diese Kurse nutzen und trainieren das verbliebene Wahrnehmungsvermögen. Einige Laute sind leicht zu erkennen, andere schwer. Leicht die Konsonanten „b“ und „m“, die wir mit den Lippen bilden, schwer dagegen die so genannten Gaumenlaute „g“ und „j“.

Kurse für besseres Verstehen

Hochgradig Schwerhörige oder Ertaubte sind oft nicht mehr in der Lage, ihre eigene Sprache zu hören. Sie können sie also auch nicht mehr kontrollieren. Das heißt, sie sprechen häufig zu leise oder zu laut, zu tief oder zu hoch. In diesem Fall helfen Sprachpflegekurse.

Foto: Schinko-Neuroth

Das hörgeschädigte Kind

Eine kindliche Hörstörung sollte möglichst früh erkannt und behandelt werden. Denn nur dann stehen die Chancen für eine möglichst normale Entwicklung gut.

Hören lernen

Schon im Mutterleib nimmt das Ungeborene Laute wahr. Bei der Geburt sind Mittelohr und Innenohr sowohl anatomisch wie auch funktionell bereits angelegt. Die Werkzeuge sind uns gewissermaßen mit in die Wiege gelegt, doch das Hören, verstanden als die Verarbeitung akustischer Reize, müssen wir erst noch lernen. In der Regel ist dieses Lernen ein automatischer und unbewusster Prozess. Das heranwachsende Kind nimmt eine Vielzahl akustischer Signale auf, die es mit der Zeit immer besser zu entschlüsseln und einzuordnen versteht.

Für die vollständige Ausbildung unseres Hörapparats ist die Aufnahme von akustischen Reizen eine notwendige Voraussetzung: als entscheidender Anstoß zur Reifung und vollständigen Ausdifferenzierung der Hörbahnen. Diese Ausbildung geschieht in den ersten Lebensmonaten – und nur dann, da allein in dieser frühen Lebensphase das für diesen Prozess notwendige Wachstumshormon produziert wird.

Foto: Archiv

Viel Plaudern: Je mehr Sie mit Ihrem Baby sprechen, desto besser, denn das Hörenlernen passiert in der Kleinkindphase.

Das Hörenlernen ist also an die Kleinkindphase gebunden und kann nicht etwa auf einen späteren Zeitpunkt verschoben werden. Es gibt keine operativen oder apparativen Maßnahmen, die für den Jugendlichen oder Erwachsenen jenen Verlust aufwiegen können, der dadurch entstanden ist, dass der entscheidende Zeitpunkt für die Entwicklung der Hörbahnen verpasst wurde. In keiner anderen Phase sind die Formbarkeit, die Empfindlichkeit und das Wachstum des Zentralnervensystems so groß und beeinflussbar wie in den ersten beiden Lebensjahren eines Menschen!

Das ist eine Erkenntnis, die noch relativ jung ist. Seither weiß man um die Wichtigkeit, erstens eine mögliche Hörbehinderung möglichst früh zu erfassen und zweitens, sofern eine festgestellt wurde, möglichst bald entscheidende therapeutische Schritte einzuleiten. Wird eine Hörstörung nämlich erst im vierten oder fünften Lebensjahr diagnostiziert und apparativ behandelt, ist die wertvollste Zeit bereits verstrichen. Jeder Monat zählt, und die Chancen für eine gute Entfaltung von Hörsystem und Gehör sind umso höher, je früher mit den therapeutischen Maßnahmen begonnen wird. Ein Erwachsener kann mit einem Hörverlust von 30 dB noch gut leben, das heißt sich ordentlich verständigen. Bei einem Kleinkind bedeutet dieser Verlust allerdings, dass eine normale sprachliche Entwicklung unter diesen Bedingungen nicht möglich ist. Es kommt zu einer Verzögerung in der Sprachentwicklung.

Im Alter von vier bis sechs Monaten beeinflusst der Hörsinn unmittelbar die Sprachentwicklung: Es kommt zu einer Sprachentwicklungsverzögerung. Das Kind nimmt seine eigene Stimme wahr und beginnt, mit der Sprache zu spielen. Fehlt der Hörsinn, verliert es bald die Neugierde, Laute auszuprobieren, und verstummt in der zweiten Hälfte des ersten Lebensjahres mehr und mehr.

Kleinkinder mit einem Hörschaden benötigen eine besondere Förderung. Das erscheint uns inzwischen als etwas Selbstverständliches, doch das war es lange Zeit keineswegs, wie die Geschichte der Taubstummen *(➜ Kasten oben)* zeigt. Über Jahrhunderte hielt man sie überhaupt nicht für entwicklungsfähig. Sie erhielten keine

Schicksal der Taubstummen in der Vergangenheit

Über Jahrhunderte galten Taubstumme schlicht als minderwertig. Sie wurden mit Idioten und Irren auf eine Stufe gestellt. Im alten Rom wurden ihnen die Bürgerrechte aberkannt, und noch im Mittelalter herrschte diese Gewissheit: Wer von der Norm abweicht, wer irr, lahm oder taub ist, bei dem hat der Teufel sein Unwesen getrieben. Da war es nur konsequent, diese Menschen, die Inkarnation des Satanischen, auszugrenzen, mitunter gar auszumerzen. Ein Schritt in Richtung eines „humaneren“ Umgangs mit Behinderten war, auch wenn das heute zynisch klingt, ihre Verbannung in Gefängnisse oder Narrenhäuser. Erst mit der Aufklärung begann man, die Andersartigen in ihrer Individualität zu respektieren. Man schob sie nicht länger ab, sondern förderte sie nach ihren Fähigkeiten. Ende des 18. Jahrhunderts kam die Sonderpädagogik auf. Der Nationalsozialismus führte zu einem Rückfall in mittelalterliche Gepflogenheiten: Taube wurden zwangssterilisiert (wenn auch nicht wie geistig Behinderte im Rahmen des Euthanasieprogramms umgebracht).

Bildung und keine Erziehung, sondern wurden stattdessen nur für die niedrigsten Arbeiten eingesetzt.

Die Sonderpädagogik sieht es als ihren Verdienst an, aus den einstmals Taubstummen Gehörlose gemacht zu haben, die sprechen können. Die Fortschritte auf den Gebieten der medizinischen und elektro-akustischen Forschung in unserer Zeit haben zudem dazu geführt, dass zuvor als gehörlos Eingestufte nun als „resthörig“ gelten, deren vielleicht auch nur minimal ausgebildetes Hörpotenzial noch genutzt werden kann. Heute ist es möglich, dass Kinder zwar von der Anlage her gehörlos bleiben, bezogen auf ihre Fähigkeiten es aber nicht mehr sind.

Ursachen für Hörschäden bei Neugeborenen

In der Medizin hat sich ein wissenschaftlicher Bereich herausgebildet, der sich ganz dem Hören und der Hörwahrnehmung von Kindern widmet: die Pädaudiologie (gr. Paidos = Kind). Sie ist ein Teilgebiet der HNO-Heilkunde, zuständig für die Diagnostik und Therapie kindlicher Hörstörungen.

Gehörlosigkeit als Zusatzbehinderung

20 – 25 Prozent der gehörlosen Kinder haben Zusatzbehinderungen. Oder anders ausgedrückt: Bei bestimmten genetisch bedingten Krankheitsbildern liegt außerdem auffallend oft eine Gehörlosigkeit vor. Das betrifft vor allem Anomalien des äußeren Ohres, des Auges, der Niere und des Nervensystems. Gehörlosigkeit ist in diesen Fällen Teil einer Mehrfachbehinderung.

Schwerhörigkeit oder Gehörlosigkeit tritt bei Kindern in einer Häufigkeit von etwa 15 pro 1000 Geburten auf. Bei immerhin 30 Prozent der frühkindlichen Hörschäden lässt sich die Ursache nicht eindeutig klären. Der Grund: Längst sind noch nicht alle Faktoren bekannt, die zu einer Hörbeeinträchtigung führen.

Die Medizin unterscheidet zwischen ererbten und erworbenen Hörschäden. Bei den erworbenen Hörschäden wird noch einmal zwischen den folgenden Formen differenziert:

Schäden vor der Geburt (pränatal): Ursache sind vor allem Virusinfektionen der Mutter während der Schwangerschaft, beispielsweise Röteln. Auch Medikamente, Nikotin und Alkohol können auf das Hörvermögen des Fötus schädigend wirken.

Schäden während der Geburt (perinal): Sie treten durch Frühgeburt oder komplizierte Geburtsabläufe auf. Hörschäden durch Blutgruppen-Unverträglichkeit (Rh-Faktor) können bei rechtzeitiger Austauschtransfusion vermieden werden.

Nur wenige Hörschäden treten vor oder während der Geburt auf.

Schäden nach der Geburt (postnatal): Im Vordergrund stehen frühkindliche Infektionen wie Mittelohr- oder Gehirnhautentzündung. Gefährlich sind auch Unfälle mit Schädeltrauma in den ersten Lebensmonaten.

Erkennen der Hörschädigung

In mehr als der Hälfte der Fälle kommt es zu Hörschädigungen erst nach der Geburt. Diese Schäden treten von allen drei aufgezeigten Formen am häufigsten auf. Nun kommt ein weiteres wesentliches Unterscheidungskriterium hinzu: Werden die Kinder erst schwerhörig, wenn sie bereits die Lautsprache erlernt haben oder schon vorher?

Im ersten Fall können sie bereits auf sprachliche Erfahrungen zurückgreifen, im anderen Fall fehlen sie ihnen völlig. Für die weitere Förderung und Erziehung ist das ein entscheidendes Kriterium. Man unterscheidet daher von Geburt oder seit der ersten Lebensphase bestehende Hörschäden von jenen, die erst nach einer Phase des fundamentalen Spracherwerbs eingetreten sind. Oft handelt es sich dabei nur um den Abstand von wenigen Wochen oder Monaten. In der prägenden Frühphase kann allerdings schon dieser kleine Unterschied sehr ins Gewicht fallen.

Kleiner Unterschied – große Wirkung

Was die psychische Verarbeitung anbelangt, so steht fest, dass Personen, die von Anfang an gehörlos sind, im Allgemeinen mit ihrer Situation besser zurechtkommen als jene, die erst im Laufe ihres Lebens einen Gehörverlust erleiden. Es ist offenbar leid-

Foto: Archiv

Einfache Sache: Was klappert denn da? Dreht Ihr Baby den Kopf in Richtung Babyrassel, hört es gut.

voller, etwas zu verlieren, als etwas nie besessen zu haben.

Wir haben es bereits betont: Ein Hörschaden sollte möglichst früh diagnostiziert werden. Allein, das ist gar nicht so einfach. Das Kleinkind kann nicht wie ein Erwachsener Angaben über einen Hörverlust machen.

Eltern haben den intensivsten Kontakt mit ihrem Kind, doch auch ihnen fällt es oft schwer, einen möglichen Hörschaden zweifelsfrei zu erkennen. Reagiert das Kind auf Zuruf nicht, weil es nicht hört oder weil es bockt oder weil es zu sehr in sein Spiel vertieft ist? Alle drei Möglichkeiten sind wahrscheinlich. Liegt es am gesunden Schlaf oder am schlechten Gehör, dass es in der Nacht trotz großen Lärms nicht aufwacht? Wieder ist beides möglich.

Es gibt keinen Katalog, anhand dessen ein Hörschaden eindeutig festgestellt werden kann. Aber es gibt Anhaltspunkte, die auf einen möglichen Hörschaden hinweisen können:

- Schließt Ihr Kind bei hohen Schallintensitäten nicht im Reflex die Augenlider?

- Reagiert Ihr Kind öfter nicht auf Zuruf?

- Spielt Ihr Kind nicht mit seiner Stimme wie mit seinen Händen und Füßen. Fängt es in der zweiten Hälfte des ersten Lebensjahres an, ganz zu verstummen?

- Sucht Ihr Kind nicht mit Augenbewegungen nach der Herkunft vertrauter Geräusche?

- Hält Ihr Kind keine Plappermonologe als Ausdruck der Zufriedenheit?

Treffen mehrere der angeführten Punkte auf Ihr Kind zu, so empfiehlt sich in jedem Fall eine ärztliche Untersuchung. Die kann den Hörschaden bestätigen – oder Ihre Besorgnis als unbegründet widerlegen.

Besser misstrauisch

Es kommt immer wieder vor, dass eine Hörstörung falsch als Schizophrenie oder geistige Zurückgebliebenheit gedeutet und daraufhin eine unangemessene Therapie eingeleitet wird. Holen Sie in einem solchen Fall unbedingt eine zweite Meinung ein.

Mitunter treten bei hörgeschädigten Kindern auch gewisse Verhaltensauffälligkeiten auf. Dazu gehören ausgesprochen ängstliches oder ausgesprochen aggressives Verhalten. Die Abwendung von den anderen äußert sich in dem einen Fall durch einen Akt des Rückzugs, in dem anderen durch einen Akt der groben Zurückweisung. Zwei ganz gegensätzliche Verhaltensmuster, die eine Hörschädigung anzeigen können, aber – wohlgemerkt – nicht unbedingt müssen.

Hörprüfungen beim Kind

Schon bei Neugeborenen sind objektive Hörprüfmethoden anwendbar. Einige Ärzte fordern daher auch ein universelles Neugeborenen Hörscreening. Andere geben dagegen zu bedenken, dass diese frühen Hörprüfungen gerade die häufigsten Hörschäden nicht erfassen, die sich erst in den ersten Lebensmonaten entwickeln, und so nur eine falsche Sicherheit vermitteln können.

Stellt sich eine hochgradige Schwerhörigkeit heraus, sollte schon ab dem dritten oder vierten Monat eine Hörgeräteversorgung erfolgen, obwohl die Schwierigkeit besteht, dass zu diesem Zeitpunkt noch keine gesicherten Angaben zu der jeweiligen Hörschwelle gemacht werden können. Durch diese Früherkennung, Früherfassung und Frühbehandlung von hörgeschädigten Kindern können die Rehabilitations- und damit Entwicklungschancen für diese Kinder wesentlich verbessert werden.

Hörgeräte schon für Babys mit drei oder vier Monaten

Neben den objektiven bieten sich auch einige subjektive Hörprüfmethoden an, die speziell für Kinder entwickelt wurden.

Foto: Archiv

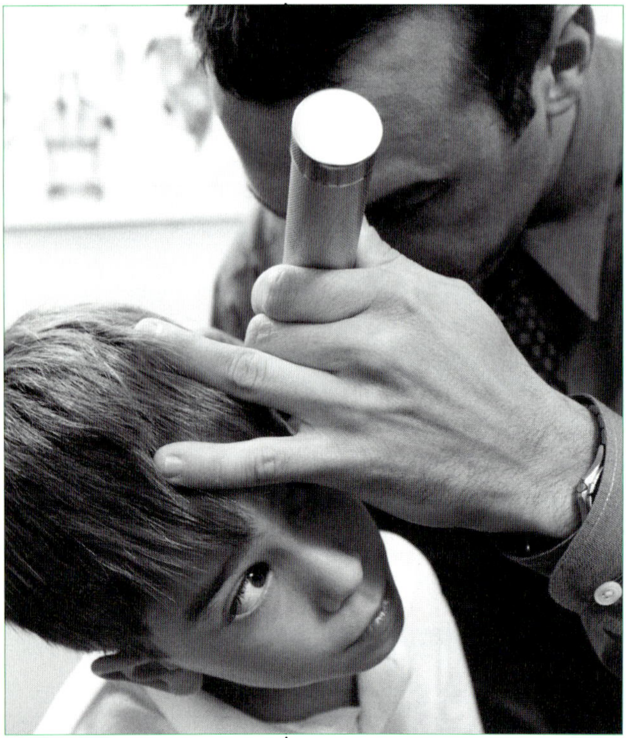

Keine Angst: Ein Blick ins Ohr tut nicht weh.

Ablenkaudiometrie (ab dem 6. Monat): Reagiert das Kind auf akustische Reize, die mit Instrumenten, Klingeln oder Rasseln erzeugt werden? Wenn nicht, funktioniert das Gehör möglicherweise nicht.

Spielaudiometrie (ab 2 Jahren): Das Prinzip ist, dass das Kind auf ein akustisches Signal hin eine Spielhandlung durchführt, zum Beispiel einen Turm aus Bausteinen aufbaut. Auf diese Weise kann auch ein Tonschwellenaudiogramm erstellt werden.

Beide Versuche benötigen viel Geduld und Erfahrung der Prüfenden. Die Reaktion der Kinder hängt nämlich nicht nur von ihrem Hörvermögen ab, sondern auch von ihrer Aufnahmefähigkeit und Intelligenz. Und auch von ihrer jeweiligen Laune und Spielfreude. Daher ist die Fehleranfälligkeit dieser Tests sehr hoch. Ab dem 4. Lebensjahr sind die Kinder gewöhnlich so reif, dass man bei ihnen ähnlich wie bei Erwachsenen ein Tonaudiogramm durchführen kann.

Erziehung hörbehinderter Kinder

In 90 Prozent der Fälle sind die Eltern von hörbehinderten Kindern normalhörend. Das heißt also: Die meisten dieser Eltern werden mit einer Situation konfrontiert, mit der sie nicht gerechnet haben und auf die sie in keiner Weise vorbereitet sind.

Verständlich, dass viele Eltern in einer ersten Reaktion die Hörbehinderung ihres Kindes als eine Art Schock erleben. Eine Welt scheint zusammenzubrechen: Sie träumten von einem gesunden Kind – und haben nun ein behindertes. Zur Enttäuschung kommt die Unsicherheit. Was müssen wir jetzt alles unternehmen? Welche Stellen kontaktieren? Versteht uns unser Kind überhaupt, wenn wir mit ihm sprechen?

In dieser Situation sind Selbsthilfegruppen eine große Hilfe. Eltern, die auch einmal zunächst hilflos waren, können sich am besten einfühlen und ihre Erfahrungen weitergeben. Viele Eltern neigen im ersten Moment dazu, ihr hörbehindertes Kind besonders zu behüten oder es, wenn auch versteckt, abzulehnen. Mitunter plagen sie auch Schuldgefühle: Wir haben etwas falsch gemacht, daher hört unser Kind nun nicht ordentlich.

Stellen Sie Ihr hörbehindertes Kind nicht unter den Glassturz.

Ähnlich wie bei der psychischen Verarbeitung eigener Schwerhörigkeit *(➜ Seite 61 ff.)* kommt es für die Eltern hörbehinderter Kinder darauf an, die neue Situation anzunehmen und mit ihr leben zu lernen. Es mag helfen, in ihr eine neue Herausforderung zu sehen oder eine göttliche Fügung oder gar eine Art Geschenk – schön, dass das Kind gerade in unserem Schutz aufwachsen darf! In jedem Fall kann ein hörbehindertes Kind genauso Erfüllung und Freude bedeuten wie ein nicht behindertes!

Zweifellos benötigt es in der Regel mehr Hilfe und Unterstützung als ein normalhörendes. Es hat sich ein wissenschaftlicher Zweig, die Hörgeschädigtenpädagogik, herausgebildet, der sich auf die Erziehung von Hörbehinderten spezialisiert hat. Dazu kommen andere Disziplinen wie beispielsweise die Logopädie (Sprachheilpflege), die Ergotherapie (Beschäftigungstherapie) oder die rhythmisch-musikalische Erziehung, die spezielle Hilfe anbieten.

Eigener Zweig der Pädagogik

Ziel all dieser (zum Teil vereinten) Bemühungen ist es, aus dem hörbehinderten Kind einen weitgehend „normal" Heranwachsenden zu machen, der sich in der Welt der Sprechenden ohne weitere Probleme zurechtfindet. Denn sein Sprechapparat ist von Geburt genauso per Vererbung angelegt wie beim normalhörenden. Nur lernt er das Sprechen nicht mit der gleichen Natürlichkeit und Spontaneität.

Weniger Strenge, mehr Zuwendung

Viele Eltern sind mit ihrem hörgeschädigten Kind pausenlos unterwegs, von einem Arzttermin zum anderen, von einer Therapiestunde zur anderen. Diese Wege kosten viel Zeit und Energie. So wichtig eine Frühförderung ist, darf das Kind doch nicht auf ein pures Objekt von Erziehungsmaßnahmen reduziert werden. Das Hörenlernen muss mehr sein als strenger Unterricht; am besten ein Erziehungs- und Beziehungserlebnis, mit viel Zuwendung und wenig Strenge. Wer allein die Hörschädigung sieht, verliert den ganzen Menschen schnell aus dem Blick. Der wird quasi unscharf, je schärfer man das einzelne Organ im Auge hat. Man darf nicht vergessen: Dieser heranwachsende Mensch ist in den ersten Lebensjahren ein Kind – und ein Kind möchte vor allem spielen. Diesen Freiraum sollte man ihm lassen.

Kindergarten

Untersuchungen haben gezeigt, dass der Kontakt von schwerhörigen Kindern mit normalhörenden in den ersten Lebensjahren noch weitgehend unproblematisch ist, da das gemeinsame Spiel im Vordergrund steht und noch nicht der sprachliche Austausch. In Deutschland besteht inzwischen ein gesetzlich verankerter Anspruch auf einen Kindergartenplatz ab drei

Integrative Beschulung: Vor- und Nachteile

+ Meist entfallen lange Schulwege. Das Kind kann auch in der Freizeit zu benachbarten Schulkollegen Kontakte pflegen.
+ Gutes Sprachvorbild der Mitschüler.
+ In der Regelschule kann das schwerhörige Kind auch mit normalhörenden Kindern Freundschaft schließen.
+ Einübung in das Alltagsleben. Das hörbehinderte Kind wird besser auf das Leben nach der Schule vorbereitet.
+ Unterstützung durch einen Schwerhörigenlehrer (2 – 4 Stunden wöchentlich).

Jahren, in Österreich noch nicht. Davon unabhängig stehen die Eltern hier wie dort vor der gleichen Frage: Sollen wir unser hörgeschädigtes Kind in einen Regelkindergarten oder in einen Sonderkindergarten geben?

Gesetzlich verankertes Recht auf einen Kindergartenplatz

Die Frage lässt sich nur unter Berücksichtigung der individuellen Situation beantworten: Wenn Sie das Gefühl haben, dass Ihr Kind sich ganz bestimmt gut integrieren wird in die Gemeinschaft der Normalhörenden, so empfiehlt sich der Regelkindergarten. In ihm wird es gewissermaßen auf das „Leben draußen" vorbereitet. Hier lernt es abseits des geschützten Elternhauses Schlüsselqualifikationen für das spätere Leben, wie beispielsweise soziales Verhalten.

Genau überlegen, bevor Sie sich entscheiden!

Wenn Sie dagegen eher glauben, dass Ihr Kind noch nicht reif ist für den Regelkindergarten, so warten Sie entweder noch ein, zwei Jahre mit der Anmeldung oder entscheiden sich gleich für einen Sonderkindergarten, wo es gemäß seinen Fähigkeiten speziell gefördert wird. Ein recht häufiges Problem ist allerdings, dass der Sonderkindergarten meist weit weg vom Wohnort liegt und eine lange Anfahrtszeit erfordert. Vor- und Nachteile müssen daher sorgfältig gegeneinander abgewogen werden.

- Werden die sonderpädagogischen Bedürfnisse des Kindes vom Lehrer nicht beachtet, kann das Kind dem Unterricht nur schwer folgen.
- Findet das hörbehinderte Kind keine Freunde, ist es bald isoliert und fühlt sich von der gesamten Schulsituation überfordert.
- Der Lehrer in der Regelschule kann im Allgemeinen auf das hörbehinderte Kind weniger Rücksicht nehmen als ein Lehrer, der eine Kleinklasse einer Schule für Schwerhörige unterrichtet.
- Schulräume haben oft eine schlechte Akustik. Das Hören wird durch den von den vielen Kindern verursachten Lärm zusätzlich erschwert.

Schule

Trotz Frühförderung und trotz Versorgung mit Hörgeräten bleiben gerade hochgradig Hörgeschädigte beim Hören und Sprechen erheblich behindert. Ein Umstand, der allen Beteiligten bewusst sein muss: Eltern dürfen keine überzogenen Erwartungen haben, Lehrer und Mitschüler sollten Rücksicht nehmen. Allerdings auch nicht wieder zu viel Rücksicht, denn bemitleidet werden wollen Hörbehinderte nicht. Hilfe kann leicht als Kränkung und Herabsetzung erlebt werden – ein heikler Balanceakt.

Der sprachliche Austausch gewinnt gerade in der Pubertät große Bedeutung. Die Teenager unterhalten sich über persönliche Erfahrungen und Probleme. Wer da nicht mitreden kann, wird leicht zum Außenseiter.

Ähnlich wie beim Kindergarten kann die Frage nach der „richtigen" Schule nicht pauschal beantwortet werden. Zumal es nicht nur die Wahl zwischen Regel- und Sonderschule gibt, sondern auch Zwischenformen wie Integrationsklassen oder kooperative Klassen zur Auswahl stehen.

Integrative Beschulung derzeit im Trend

Auf die Unterschiede wollen wir hier nicht im Detail eingehen, nur so viel: Der Trend geht eindeutig in Richtung integrative Beschulung. Allerdings möglich, dass vielleicht gerade für Ihr Kind die Schule für Schwerhörige besser wäre. Wie gesagt: Nur der Einzelfall entscheidet!

Gebärdensprache

Es war im 17. Jahrhundert, als der Dominikanermönch Pedro de Ponte gehörlose Kinder und Jugendliche erstmals mit Gebärdensprache unterrichtete und sie so aus der schlimmsten Isolation befreite. Er räumte mit dem bis dahin geltenden Vorurteil auf, dass Hörbehinderte überhaupt nicht entwicklungsfähig wären. Eine nächste Zäsur in der Geschichte der Gehörlosen stellt die Gründung der ersten Taubstummenanstalt 1778 in Leipzig dar. Der Lehrer Samuel Heinicke brachte den Gehörlosen durch das Absehen von Mund und Gesicht des Sprechenden die – wenn auch primitive – Lautsprache bei.

Errungenschaft des 17. Jahrhunderts

Ein weiterer Fortschritt? Selbstverständlich, sagen die einen. Sie meinen, nur wenn Gehörlosen die Lautsprache beigebracht wird, bleibt ihnen ein Außenseiter-Schicksal am Rande der sprechenden Gemeinschaft erspart. Alle Mittel der Medizin, der Technik und Pädagogik sollten deshalb zu dem Zweck eingesetzt werden, sie zu Sprechenden zu machen.

Ein großer Teil der Gehörlosen (wohlgemerkt: nicht Schwerhörigen) ist freilich ganz anderer Meinung. Sie sehen in der Vermittlung der Lautsprache weniger eine Hilfestellung als vielmehr eine Art Gewaltanwendung: jahrelange Mühen und Strapazen, nur damit sie so werden wie all die anderen. Dabei würden sie sich trotz aller Anstrengungen doch niemals zu einwandfrei Sprechenden entwickeln können.

Diese Gehörlosen sehen sich nicht als Behinderte, sondern vielmehr als Mitglieder einer sprachlichen und kulturellen Minderheit. Sie betonen, dass sie eine eigene, ihnen adäquate Sprache haben – die Gebärdensprache. Eine visuelle Sprache mit eigener Grammatik, nicht wie die Lautsprache linear und sequenziell, sondern nach räumlichen Mustern und dreidimensional aufgebaut.

Gebärdensprache kontra Lautsprache

Wo Gehörlose zusammen sind, lebt die Gebärdensprache. Diese Erfahrung ist immer wieder zu machen. So schwer sie sich normalerweise im Umgang mit Normalhörenden tun, der Austausch mit anderen Gehörlosen funktioniert dagegen problemlos und vor allem ohne weitere Anstrengung. Gesicht, Hände und Oberkörper dienen im Zusammenspiel als Ausdrucksmittel. Genauso wie in der Lautsprache gibt es, je nach Land, unterschiedliche Gebärdensprachen, und je nach Region sogar unterschiedliche Dialekte. In der Gebärdensprache können entgegen einem weitverbreiteten Vorurteil

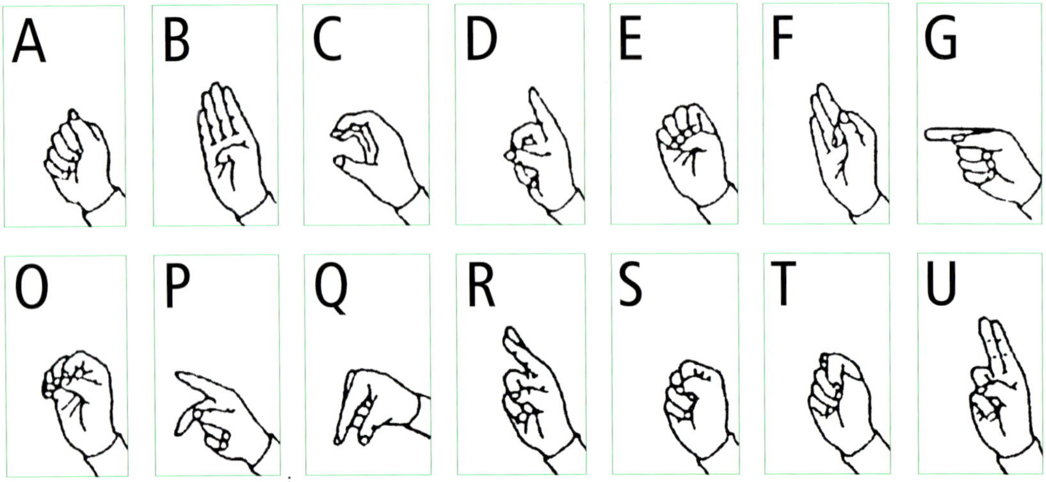

Flinke Finger: Auch schwierige, abstrakte Themen können in der Gebärdensprache diskutiert werden.

nicht nur bildhafte, sondern auch abstrakte Themen diskutiert werden.

1880 wurde auf dem zu trauriger Berühmtheit gelangten Mailänder Kongress der Taubstummenlehrer die Gebärdensprache in den Schulen offiziell verboten und die so genannte orale Methode als verbindliche Form für den Taubstummenunterricht festgelegt. Der Beschluss war einstimmig – und dennoch, so kann man heute resümieren, nicht von endgültigem Erfolg gekrönt. Die Gebärdensprache lebt weiterhin. In einigen Ländern besser, in anderen schlechter. Während die Methode von de Ponte (Gebärdensprache) ihre Ausbreitung von Paris vor allem nach Amerika, Spanien, Italien und Russland fand, gelangte die deutsche Methode (Lautsprache) mehr in Mitteleuropa zu Ansehen.

Unterschiedlich hohes Ansehen

Es ist nicht eine Frage des medizinischen Fortschritts, sondern vielmehr des kulturellen Umgangs, wie die Gebärdensprache heute in den einzelnen Ländern gesehen wird. In Amerika oder den skandinavischen Ländern genießt sie hohes Ansehen. Bei uns wird sie dagegen höchstens toleriert. 1998 machte das Bundesland Hessen immerhin einen ersten Vorstoß in Deutschland und erkannte sie als offizielle Sprache an.

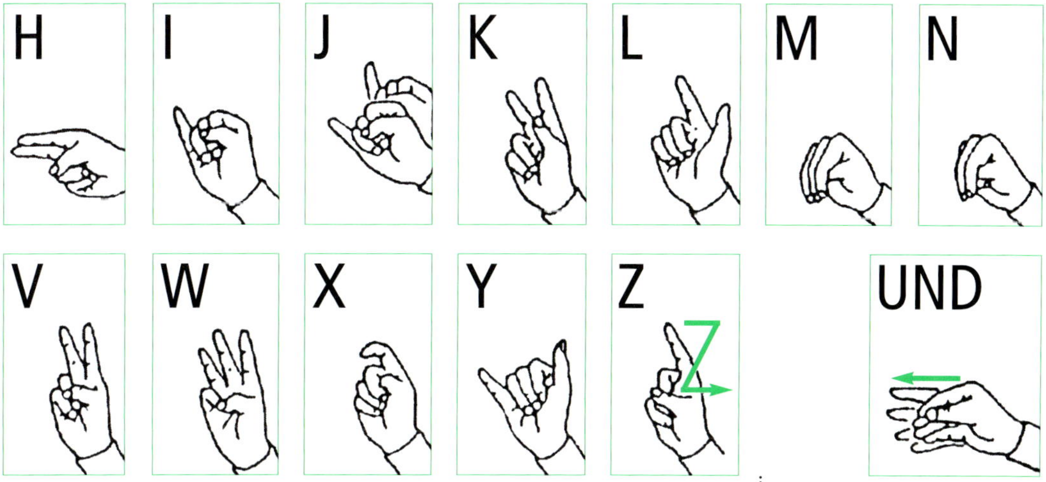

Es sind nicht zuletzt oft die Eltern, die darauf drängen, dass ihr gehörloses Kind die Lautsprache lernt. Haben sie doch Angst, sich sonst mit ihm nicht oder nur schwer verständigen zu können oder, fast noch schlimmer, es an die Gemeinschaft der Gehörlosen zu verlieren. Und tatsächlich: Die Statistik besagt, dass 90 Prozent der Gehörlosen eine Ehe mit einem anderen Hörbehinderten eingehen. Unter ihresgleichen fühlen sich Gehörlose, allen integrativen Bemühungen zum Trotz, offensichtlich immer noch am wohlsten.

Viele Gehörlose wollen unter sich bleiben.

Nicht zu verwechseln ist die Gebärdensprache mit der Lautsprachbegleitenden Gebärde (LBG). Während erstere eine eigenständige, vollwertige Sprache ist, dient die andere nur zur Unterstützung der Lautsprache. Sie ist so etwas wie ein Kompromiss der sich geradezu unversöhnlich gegenüberstehenden Lager. Nicht wenige Pädagogen plädieren denn inzwischen für eine so genannte bilinguale Erziehung, also dafür, sowohl Laut- als auch Gebärdensprache zuzulassen. Im Übrigen: Schon das Ablesen von den Lippen des Sprechenden arbeitet mit dem visuellen Sinn und ist daher eine Art Miniatur-Gebärdensprache.

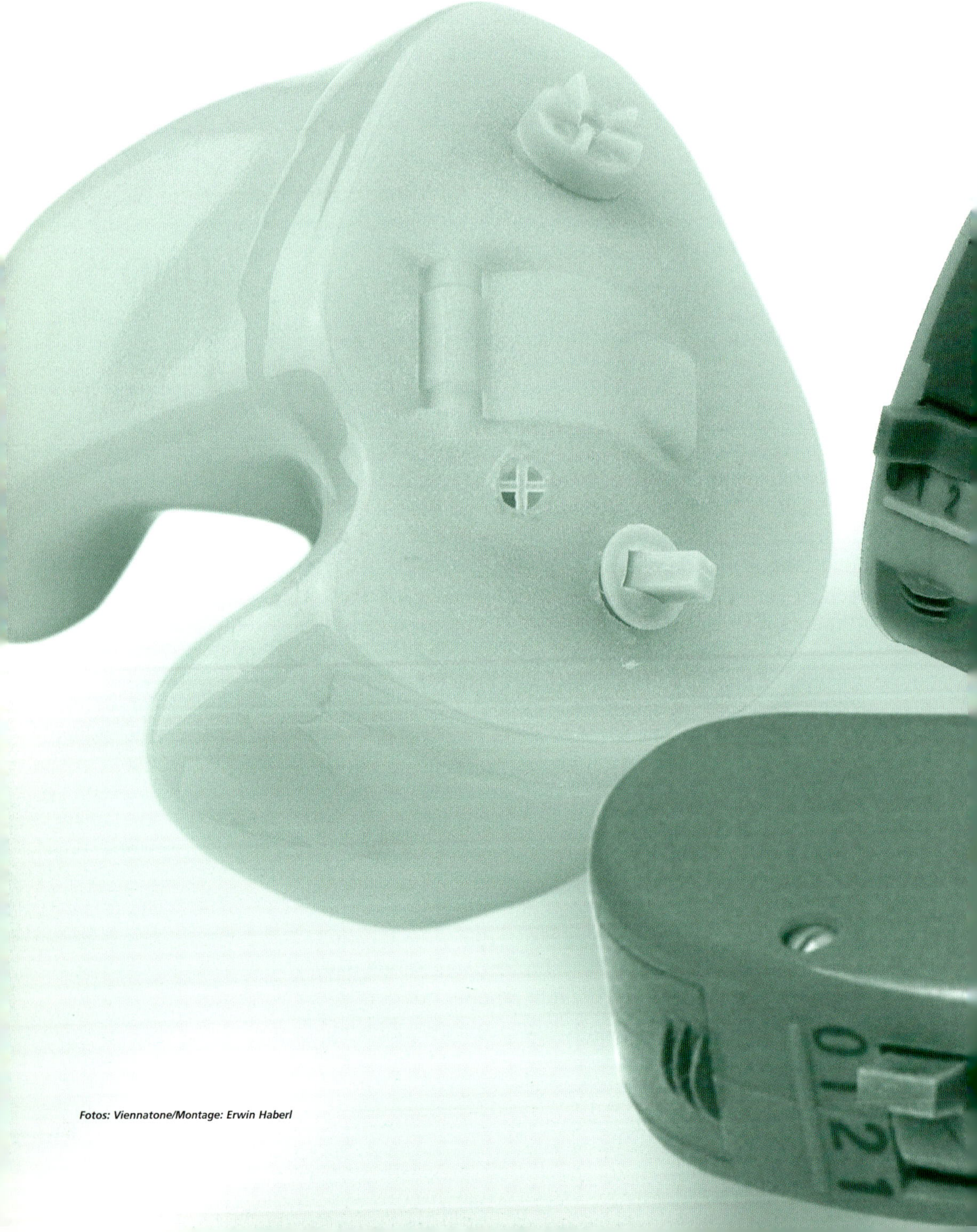

Fotos: Viennatone/Montage: Erwin Haberl

Hörgeräte

An ein Hörgerät müssen Sie sich erst gewöhnen. Und das erfordert Zeit und noch mehr Geduld.

Hightech fürs Ohr

Eine Versorgung mit Hörgerät kommt bei einem Hörverlust dann infrage, wenn medikamentöse oder operative Behandlungen zu keiner weiteren Hörverbesserung mehr führen (oder der Patient eine Operation ablehnt). Hörgeräte sind technische Hilfen, die nach dem Prinzip der Schallverstärkung arbeiten. Sie können das schlechte Hören weitgehend ausgleichen, es aber nicht ursächlich beheben. Wohlgemerkt: Sie heilen nicht, sie sind vielmehr Hilfsmittel, und zwar ohne Zweifel die wichtigsten im Rahmen der Bewältigung der Schwerhörigkeit.

Hörgeräte sind die wichtigste Hilfe für Schwerhörige.

Heute können Sie unter mehreren hundert Geräten wählen, die sich nach Bauart, Typ und Form unterscheiden. Den Vorläufer der Hörgeräte, das Hörrohr, kannte man schon im alten Griechenland. Um 1900 kam der erste elektrische Hörapparat auf. Seit den fünfziger Jahren – seit der Entwicklung von Transistoren – gibt es ihn auch in der heute üblichen kleinen Form. Ein Ende des technischen Fortschritts ist nicht abzusehen: Die Hörgeräte werden immer kleiner und immer leistungsstärker.

Letzte Möglichkeit

Das Hörgerät ist, wie bereits erwähnt, gleichsam die letzte Möglichkeit zur Hörverbesserung, nachdem alle anderen Maßnahmen ausgeschöpft sind. Am häufigsten wird es als Hilfe bei Innenohrschwerhörigkeit eingesetzt, die (noch) nicht operativ behoben werden kann.

Je früher sich der Schwerhörige für ein Hörgerät entscheidet, umso besser. Mit „früher" ist einmal unmittelbar das Alter des Hörgeräte-Trägers gemeint. Bei einem schwerhörigen Kleinkind sollte gerade die für die Ausreifung der Hörbahnen entscheidende Phase in der frühen Kindheit nicht verpasst werden. Es gilt, das vorhandene Resthörvermögen mit technischer Hilfe so weit zu verstärken, dass das Kind viele und differenzierte akustische Eindrücke empfangen kann. Je genauer es hören lernt, desto deutlicher wird es auch sprechen können.

Bei Kindern ist eine frühe Versorgung besonders wichtig.

Für die Hörgeräte-Versorgung von Kleinkindern ist die Fachabteilung Pädaudiologie und Phoniatrie der HNO-Kliniken zuständig. Sie ist auch zuständig für eine entsprechende pädagogische Frühförderung.

Das „früher" gilt genauso für ältere Menschen – das Gros der Hörgeräte-Träger. Je besser ihr Allgemeinzustand noch ist, desto leichter tun sie sich mit der Bedienung des Hörgeräts, aber auch bei der Umstellung auf die neuen Höreindrücke. Obwohl die Hörgeräte technisch laufend weiterentwickelt werden, das Wunderwerk Ohr können sie doch niemals imitieren. So verstärken die Hörgeräte nicht nur den eintreffenden Schall, sie verändern auch dessen Charakteristik, sprich: die Klangfarbe, woran sich der Hörgeräte-Träger erst einmal gewöhnen muss. Diese Umstellung auf neue Höreindrücke erfordert eine gewisse Kraftanstrengung.

Das neue Hören muss erst gelernt werden.

Das „früher" meinen wir auch noch in einer dritten Bedeutung: Das Hörgerät sollte schon bei einer leichten oder mittelgradigen Schwerhörigkeit benutzt werden und nicht erst bei einer hochgradigen. Denn je leistungsstärker das Hörgerät ausgelegt ist, desto mehr Komplikationen drohen bereits im normalen Betrieb, wie zum Beispiel unangenehme Rückkoppelungseffekte, das berühmt-berüchtigte Pfeifen.

Ungeliebte Prothese

„Je früher, desto besser" bleibt in der Mehrzahl der Fälle allerdings ein frommer Wunsch. Die Realität sieht nämlich ganz anders aus: Hörgeräte werden in der Regel erst dann getragen, wenn es ohne sie überhaupt nicht mehr geht. Das hängt nicht zuletzt mit ihrem nach wie vor schlechten Image zusammen. Brillen sind akzeptiert, Hörgeräte gelten dagegen als Makel. Zwei Vorurteile haften ihnen mit großer Zähigkeit an: Nur Alte tragen Hörgeräte. Und: Wer nicht hört, ist dumm. Diese Vorurteile lassen sich nun nicht einfach per Dekret aus der Welt schaffen. Am ehesten werden sie wohl verschwinden, wenn immer mehr Hörgeräte-Träger ganz selbstverständlich zu ihrer Behinderung stehen.

Nicht zu lange zuwarten!

Beim HNO-Arzt

Für die Verordnung eines Hörgeräts ist der HNO-Facharzt zuständig. Mit einer Reihe von Untersuchungen und Tests prüft er, welche Art der Schwerhörigkeit bei Ihnen vorliegt und in welchem Ausmaß; und ob ein Hörgerät in Ihrem Fall überhaupt eine Hilfe bedeuten würde.

Kein Hörgerät

In diesen Fällen wird kein Hörgerät verordnet:

- Der Patient ist geistig oder körperlich nicht in der Lage, das Gerät zu bedienen.
- Es bestehen chronische Entzündungen im Gehörgang.
- Die Schwerhörigkeit verläuft schwankend.

Bei der Verordnung ist der Arzt an die mit den Krankenkassen vereinbarten Heil- und Hilfsmittelrichtlinien gebunden, die immer wieder aktualisiert, sprich: geändert werden. In der aktuellen Fassung schreiben die Richtlinien unter anderem folgende Bedingungen vor:

- Der tonaudiometrische Hörverlust beträgt auf dem besseren Ohr 30 Dezibel (dB) oder mehr in mindestens einer der Prüffrequenzen zwischen 500 und 3000 Hertz (Hz), und die Verstehensquote für einsilbige Wörter ist auf dem besseren Ohr bei 65 dB nicht größer als 80 Prozent. (In diesem Fall verstehen Sie den Partner etwa aus vier Meter Entfernung nicht mehr.)

- Bei einseitiger Schwerhörigkeit muss der tonaudiometrische Hörverlust bei 2000 Hz oder zwei Prüffrequenzen zwischen 500 und 3000 Hz mindestens 30 dB betragen.

Für Kleinkinder gelten gesonderte Regelungen.

Akzeptanz und Geduld sind besonders wichtig.

Ganz wichtig für den Erfolg ist die Bereitschaft des Patienten, sein Hörgerät auch tatsächlich regelmäßig zu benutzen, nicht bloß zum Fernsehen (was einen ständigen Wechsel zwischen zwei völlig verschiedenen Hörwelten beziehungsweise Höreindrücken bedeutet). Eine Selbstverständlichkeit, sollte man meinen. Doch ein Hörgerät trägt man eben nicht wie eine Brille. Es erfordert eine ungleich größere Bereitschaft zur Umstellung und eine längere Eingewöhnungszeit.

Das Hörgerät hat den Sinn, dass Sie sich wieder besser in Ihrer akustischen Umwelt zurechtfinden und sich leichter tun im Kontakt mit Ihren Mitmenschen. Oft reicht dazu ein einzelnes Gerät nicht aus, sondern es ist für jedes Ohr eines notwendig. Das ist dann der Fall, wenn eine Hörbeeinträchtigung auf beiden Seiten vorliegt, die außerdem unterschiedlich ausgeprägt ist.

Manchmal sind zwei Geräte notwendig.

Der menschliche Hörvorgang erfolgt nun einmal über zwei getrennte Aufnahmeorgane, so wie wir auch mit zwei Augen sehen – bei einer Sehbehinderung käme ja auch niemand auf die Idee, ein Monokel statt einer Brille zu verschreiben.

Bestimmte Leistungen sind nur durch das Hören mit beiden Ohren möglich: das Richtungshören, das Heraushören wichtiger Informationen aus einem Gewirr von Stimmen oder Geräuschen und das Erfassen des Raumklangs. Eine bloß einseitige Hörgeräte-Versorgung kann zwar zu einer Besserung, zugleich aber zu einer unnatürlichen Ungleichheit im Höreindruck führen.

Der HNO-Arzt stellt aufgrund seiner Untersuchungen fest, ob Sie eine Hörhilfe brauchen. Wenn ja, füllt er eine entsprechende Verordnung mit Ihren wesentlichen audiologischen Daten aus. Mit diesem Schreiben gehen Sie anschließend zum Hörgeräte-Akustiker.

Erst zum Arzt, dann zum Hörgeräte-Akustiker

Beim Hörgeräte-Akustiker

Der Beruf des Hörgeräte-Akustikers ist relativ jung. Vereinfacht gesagt: Wie der Augenoptiker für die Anpassung der Brillen, so ist der Hörgeräte-Akustiker für die Anpassung der Hörgeräte zuständig.

Für sich die richtige Brille zu finden, mag schon ein schwieriges Unterfangen sein. Ein ungleich schwierigeres ist es aber, das passende Hörgerät auszuwählen. Schon jetzt sei Ihnen prophezeit, dass Sie Ihren Hörgeräte-Akustiker noch sehr gut kennen

Foto: Archiv

Beraten lassen: Testen Sie mehrere Geräte, bevor Sie sich entscheiden. Nur wenn Sie mit Ihrer Hörhilfe gut zurechtkommen, werden Sie sie auch tragen.

lernen werden. Denn mit einem einzigen Besuch bei ihm ist es längst nicht getan.

Es mag Sie vielleicht verwundern: Genau die tonaudiometrischen und sprachaudiometrischen Messungen, die der HNO-Arzt bei Ihnen durchgeführt hat, werden vom Hörgeräte-Akustiker wiederholt. Das ist zur gegenseitigen Kontrolle unbedingt erforderlich. Dem Arzt dienen die Tests zur medizinischen Indikation, dem Hörgeräte-Akustiker zur Auswahl der geeigneten Hörhilfe. Zu den wichtigsten Werten, die ermittelt werden, gehören Ihre Hörschwelle und Ihre Unbehaglichkeitsschwelle.

Machen Sie sich keine Illusionen: Auch das beste Hörgerät kann Sie nicht wieder zu einem gut hörenden Menschen machen. Dem sind allein schon durch die Technik Grenzen gesetzt. In der Regel kann durch das Hörgerät nicht mehr als ein Drittel bis zur Hälfte Ihres Hörverlusts korrigiert werden.

Im Aufbau sind alle Hörgeräte gleich: Sie besitzen ein Mikrofon, das den ankommenden Schall aufnimmt und in elektrische Impulse umwandelt. Diese durchlaufen einen mit einem Regler gesteuerten Verstärker und werden über einen Lautsprecher, den so genannten Hörer, an das Ohr abgegeben. Der Verstärkungsfaktor wird im Allgemeinen als dB-Wert angegeben. Er beträgt bei Hörhilfen maximal 60 dB.

Die Schmerzschwelle darf nicht überschritten werden.

Bei zu hoher Verstärkung besteht die Gefahr, die jeweilige Schmerzschwelle zu überschreiten. Das ist für den Betroffenen nicht nur höchst unangenehm, sondern auch gefährlich, weil so das Innenohr weiter geschädigt werden kann. Aus diesem

Grund sind Hörgeräte mit Begrenzungs- und Regelsystemen ausgestattet: Entweder mit PC (peak clipping), das für eine Spitzenbeschneidung sorgt – ein vorher bestimmter Ausgangsschalldruck wird nicht überschritten –, oder mit AGC (Automatic Gain Control), die für eine Art gleitende Verstärkungsregelung sorgt. Eine Kombination beider Systeme ist ebenfalls möglich.

ASP

Das Kürzel ASP steht für Automatic Signal Processor. Eine Schaltung, die viele Hörgeräte besitzen, um das Hören in lauter Umgebung zu optimieren. Zum einen werden dabei die tiefen Frequenzen gedämpft. Das sind jene Frequenzen, in denen der so genannte Störschall (Umgebungsgeräusche) vor allem auftritt. Zum anderen werden die hohen Frequenzen der Sprache verstärkt. Eine Maßnahme gegen den berühmten „Cocktail-Effekt", den viele Schwerhörige als besonders lästig empfinden: Vor lauter Geräuschen hören sie gar nichts. Ein ewiges und großes Handicap, das allerdings auch mit moderner Technik nur begrenzt in den Griff zu bekommen ist.

Reichhaltiges Hörgeräte-Angebot

Je nach Art Ihrer Schwerhörigkeit kommen nun zwei unterschiedliche Typen von Hörgeräten infrage. Bei Schallleitungsschwerhörigkeit Knochenleitungshörgeräte, bei Schallempfindungsschwerhörigkeit Luftleitungshörgeräte. In ihrer Funktionsweise unterscheiden sich diese beiden Geräte grundlegend.

Knochenleitungshörgeräte

Sie überbrücken den Weg der Schallübertragung, der im äußeren oder mittleren Ohr unterbrochen ist. Dazu machen sie sich die Schallleitungsfähigkeit des Knochens zu Nutze, in den das Ohr eingebettet ist. Der Warzenfortsatz hinter der Ohrmuschel ist nur von einer dünnen Haut bedeckt. Dort wird der Lautsprecher des Knochenleitungshörgeräts – ein Vibrator – platziert. Die ankommenden Schallwellen leitet der Knochen unter Umgehung des gestörten Luftleitungsweges direkt in das Innenohr weiter. Dieses Hörgerät ist der Regel in ein Brillengestell eingebaut. Das Endstück des Brillenbügels liegt direkt auf dem Knochen auf. Die Schallleitungsschwerhörigkeit kommt relativ selten vor und kann meist operativ behoben werden.

Selten: Hörgeräte im Brillenbügel

Luftleitungshörgeräte

Sie stellen das Gros der Hörgeräte. Je nach Trageweise, Aussehen und Baugröße unterscheiden wir folgende Bauarten:

Hinter-dem-Ohr-Geräte (HdO-Geräte): Der Name sagt es bereits – ihr Sitz ist hinter dem Ohr, genauer: der Verstärker mit dem Mikrofon ist hinter dem Ohr. Der durchsichtige Winkel des Geräts hakt sich über die Spitze der Ohrmuschel und bietet so Halt. Ein durchsichtiger Schlauch stellt die Verbindung zum Ohrpassstück (➜ *Seite 93)* her.

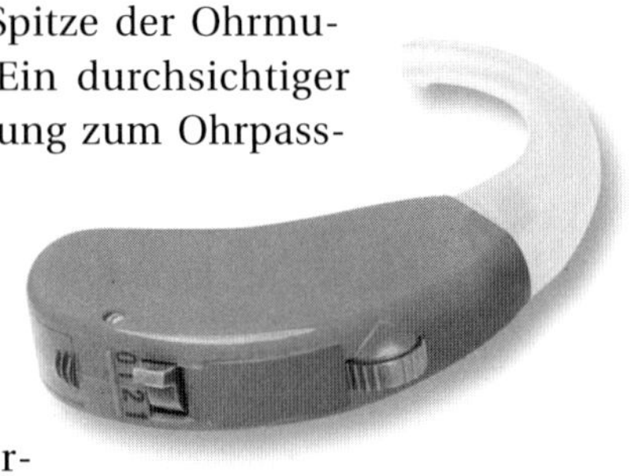

HdO-Geräte sind nach wie vor die Hörgeräte der ersten Wahl, gleichermaßen für leichte wie hohe Schwerhörigkeitsgrade geeignet. Das Teil hinter dem Ohr wird dank moderner Technik immer kleiner, das heißt immer unauffälliger. Zudem kann es farblich an die Haut- beziehungsweise Haarfarbe angepasst werden. Ein anderer Trend geht indes in Richtung Colorierung – das Gerät wird wie ein Schmuckstück getragen. HdO-Geräte gibt es auch in der Hörbrillenausführung. Bei dieser Version ist das Gerät im Brillenbügel montiert.

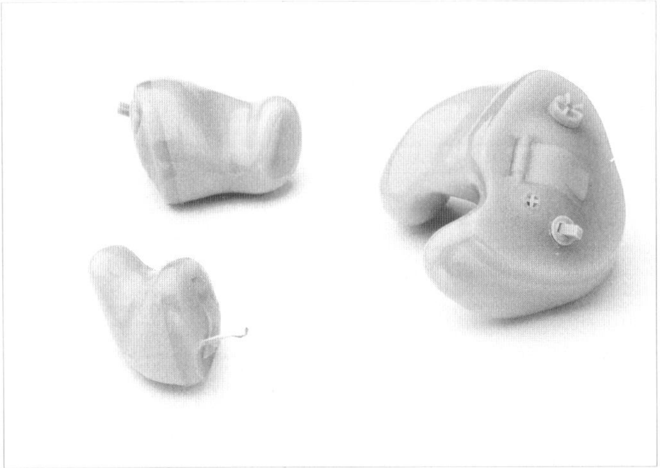

IdO-Geräte: die kleinste Bauform bei Hörgeräten. Sie finden vollständig in Ohrmuschel und Gehörgang Platz und sind daher fast unsichtbar.

Fotos: Viennaton

In-dem-Ohr-Geräte (IdO- oder IO-Geräte): Sie sind die Winzlinge unter den Hörgeräten. Alle Komponenten bilden hier auf engstem Raum eine kompakte Einheit. Die IdO-Geräte sitzen im Ohr – wenn in der Ohrmuschel, so sprechen wir von Muschelgeräten, wenn im Gehörgang, so von Gehörgangsgeräten. Geeignet sind sie für alle, die ihr Gerät möglichst unsichtbar tragen wollen.

Je nach Herstellungsart unterscheidet man noch einmal zwischen Modul- und Custom-made-Geräten. Modulgeräte werden industriell hergestellt und mit dem jeweiligen Ohrpassstück an den Träger angepasst. Custum-made-Geräte werden dagegen, gleich einem Maßanzug, als Ganzes nach den individuellen Erfordernissen gefertigt. Die Ausmaße des Geräts bestimmen sich nach der anatomischen Form des jeweiligen Gehörgangs.

Knochenverankertes Hörgerät

Die Technik macht laufend Fortschritte. Seit einigen Jahren gibt es für Schwerhörige mit besonderen Problemen im Gehörgang (Allergie, chronische Entzündung) eine weitere Möglichkeit der Versorgung: das knochenverankerte Hörgerät. Es gibt teilimplantierte und seit kurzem auch vollimplantierte Hörgeräte.

IdO-Geräte bieten den Vorteil eines natürlichen Hörens, da das Mikrofon in der Achse des Gehörgangs liegt. Allerdings setzt die Technik Grenzen: Bei größerer Verstärkung (also höheren Schwerhörigkeitsgraden) kommt es leicht zu Rückkoppelungseffekten, den unangenehmen Pfeifgeräuschen. Auch sind diese Geräte nicht für Patienten mit viel Ohrenschmalzbildung oder einem leicht entzündlichen Gehörgang geeignet. Sie kommen außerdem dann nicht infrage, wenn Ihr Gehörgang besonders eng ist – es sei denn, Ihr Hörgeräte-Akustiker findet auch für dieses Problem eine spezielle Lösung.

Taschenhörgeräte: Bei ihnen sind Mikrofon, Verstärker, Regler und Batterien in einem rechteckigen Geräte-Teil untergebracht. Ein dünnes Kabel führt zu dem im Ohr sitzenden Einsteck-Hörer (Lautsprecher). Die Taschenhörgeräte sind mit weniger als einem Prozent auf dem Hörgerätemarkt vertreten. Ihr offensichtlicher Nachteil: Das Mikrofon sitzt nicht direkt am beziehungsweise im Ohr. Diese Hörgeräte sind die einzigen, die nicht am Kopf, sondern am Körper getragen werden. Heute kommen sie nur noch zur Sonderversorgung infrage: bei Säuglingen etwa oder bei extrem starker Schwerhörigkeit.

Taschenhörgeräte: so klein wie eine Scheckkarte, aber nur für besondere Fälle geeignet.

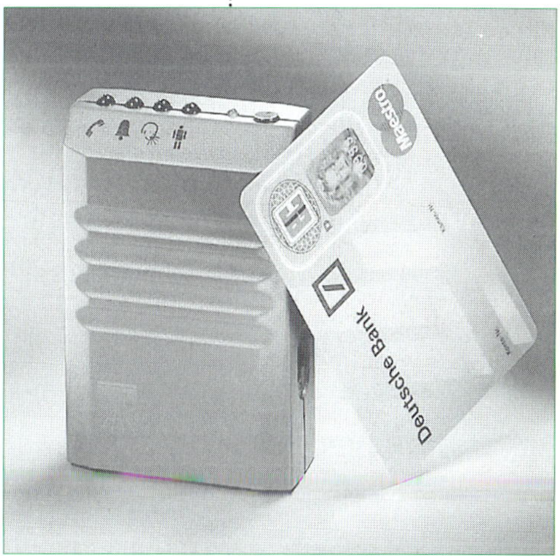

Foto: Humantechnik

Die richtige Auswahl

Die einzelnen Geräte gibt es nun in einfachen oder hochwertigen Ausführungen. Bei den einfachen, den analog funktionierenden, muss der Hörgeräte-Akustiker die Einstellungen mit dem Schraubenzieher vornehmen; bei den voll-digitalen, die mit einem Chip ausgerüstet sind, macht er das über den Computer. Im breiten Angebot gibt es außerdem analoge Geräte, die digital programmierbar sind.

Keine Frage der Technik, sondern der persönlichen Zufriedenheit

Die voll-digitalen Hörgeräte sind technisch am weitesten entwickelt. Das heißt nun aber nicht, dass sie auch die besten Geräte sind. Denn wie gut oder schlecht eines ist, hängt in erster Linie davon ab, wie zufrieden Sie selbst mit ihm sind. Allein der subjektive Eindruck zählt, objektive Vergleichstests machen hier wenig Sinn. Ein Hörgerät ist nämlich stets nur so gut wie seine Eignung für die individuelle Hörstörung in der alltäglichen Praxis.

Der Hörgeräte-Akustiker trifft anhand Ihres Hörfehlers eine Vorauswahl, welche Hörgeräte für Sie infrage kommen. Nun liegt es an Ihnen, sich für eines zu entscheiden. Lassen Sie sich dabei unbedingt Zeit. Sonst entscheiden Sie sich möglicherweise vorschnell für ein Gerät, das dann in der berühmten Nachttischschublade landet, weil Sie mit ihm überhaupt nicht zufrieden sind. Vergleichen Sie mehrere Geräte vor allem nach folgenden Kriterien:

Sind Sie mit der Klangfarbe zufrieden? Das Klangempfinden ist von Mensch zu Mensch sehr unterschiedlich. Der eine bevorzugt einen weichen und vollen, der andere einen klaren und reinen Klang. Hörgerätehersteller decken mit ihren Produkten mehr oder weniger die ganze Bandbreite der unterschiedlichen Varianten ab.

Klangfarbe und Sitz müssen stimmen.

Sitzt das Gerät angenehm? Oder verursacht es vielleicht Druckstellen? Sie können mitunter beim gleichen Gerät zwischen einer weichen und harten Bauart wählen.

Lässt sich das Gerät gut bedienen? Machen Sie die Probe aufs Exempel: Am einfachsten ist, Sie nehmen versuchsweise einen Batteriewechsel vor.

Alle diese Fragen lassen sich nicht endgültig bei einem einzigen Termin beantworten. Daher empfiehlt es sich, drei bis vier Geräte mindestens eine Woche zur Probe zu tragen. Erst der Vergleich schafft Sicherheit. Allerdings: Zu viele Geräte sollten Sie auch nicht ausprobieren, denn das kann wiederum für Verwirrung und Verunsicherung sorgen.

Am besten, Sie tragen mehrere Geräte zur Probe.

Die Hörgeräte-Akustiker sind per Vertrag mit den Krankenkassen nicht nur zur „Auswahl und Anpassung des Hörgeräts" verpflichtet, sondern auch zur „Schulung und Unterweisung des Anspruchsberechtigten". Man geht davon aus, dass der Hörgeräte-Akustiker für die Anpassung und Nachsorge eines Kunden im Schnitt 15 Stunden aufbringt – oder jedenfalls aufbringen sollte.

Anfertigung eines Ohrpassstücks

Jeder Hörverlust ist so individuell wie ein Fingerabdruck. Der Hörgeräte-Akustiker hat Maßanfertigung zu leisten. Da auch jeder Gehörgang anders ist, nimmt er von ihm einen Abdruck. Nach diesem Modell kann das entsprechende Ohrpassstück (Otoplastik) gefertigt werden, und zwar für das Taschengerät eine Ohrmulde, für das HdO-Gerät die Ohrschale und für das IdO-Gerät entweder eine Muschel- oder eine Gehörgangsschale.

Das Ohrpassstück dient dazu, den Hörer und die Schalleingangsöffnung am Mikrofon akustisch voneinander zu isolieren, damit kein Rückkoppelungspfeifen entsteht. Gerade bei hochgradigen Hörstörungen und den dadurch erforderlichen großen Verstärkungen ist eine genaue Abdichtung durch das Ohrpassstück im Gehörgang wichtig. Die Gefahr einer Rückkoppelung steigt außerdem, wenn Schalleingangs- und Schallausgangsöffnung eines Geräts nahe beieinander liegen. Eine Belüftungsbohrung in der Otoplastik dient dazu, ein mögliches Druck- und Verstopfungsgefühl im Gehörgang zu vermindern.

Der Gehörgang muss möglichst gut abgedichtet sein.

Sorgfältig anpassen...

Wie Sie ein Hinter-dem-Ohr-Gerät (HdO-Gerät) richtig einsetzen und entfernen

Ein Hinter-dem-Ohr-Gerät besteht aus einem Hörgerät und dem Ohrpassstück. Das Ohrpassstück kann seine wichtige Funktion nur dann optimal erfüllen, wenn es korrekt ins Ohr eingesetzt wird. Das richtige Vorgehen sehen Sie nachfolgend Schritt für Schritt:

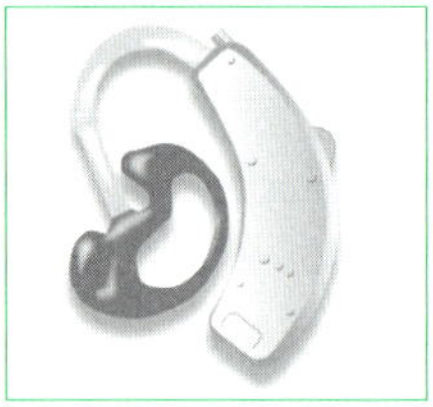

Das Hörgerät nicht einschalten oder die Lautstärke minimal halten.

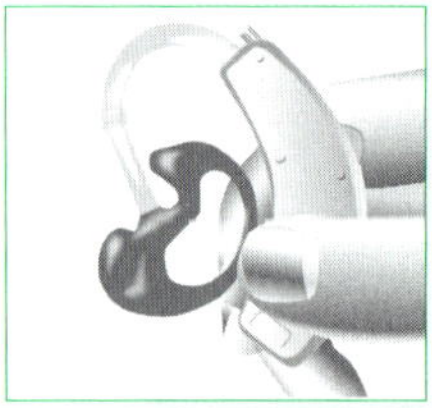

Nehmen Sie das Ohrpassstück mit Daumen und Zeigefinger. Benutzen Sie dazu die linke Hand fürs linke Ohr, die rechte Hand fürs rechte Ohr.

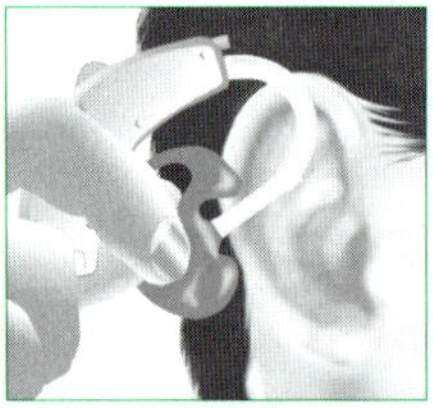

Führen Sie Ihre Hand so zum Ohr, dass das Passstück auf Ihr Ohr zeigt. Drehen Sie die Hand leicht nach vorn.

Führen Sie das Ohrpassstück in Ihren Ohrenkanal ein. Sollte das Einsetzen Probleme bereiten, ziehen Sie ein wenig am Ohr – nach hinten und nach oben. Sie können auch ganz wenig Vaseline auftragen. Achtung: Die Öffnung des Passstücks darf dabei aber keinesfalls verstopft werden!

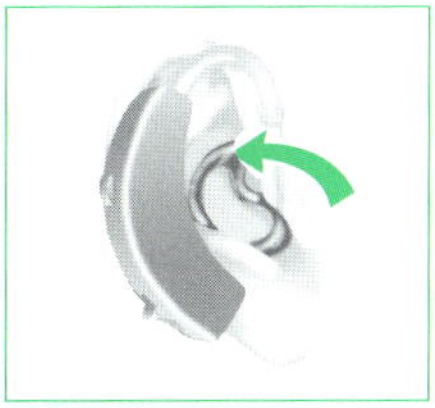

Drehen Sie jetzt das Ohrpassstück leicht rückwärts, bis es korrekt sitzt.

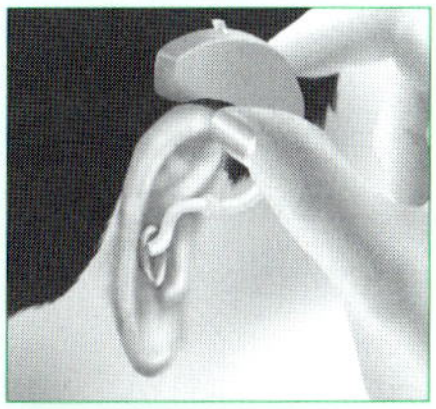

Legen Sie das Hörgerät hinter Ihr Ohr – der Schlauch darf sich dabei nicht verdrehen.

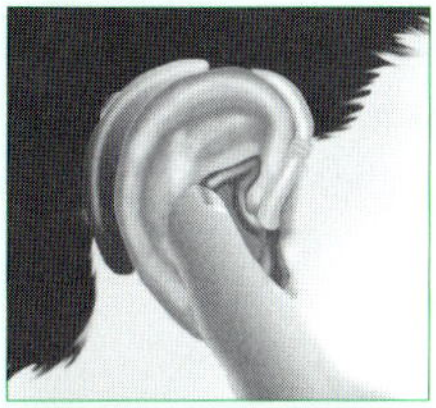

Kontrollieren Sie den Sitz des Ohrpassstücks, indem Sie die Kontur der Ohrmuschel mit dem Finger nachfahren.

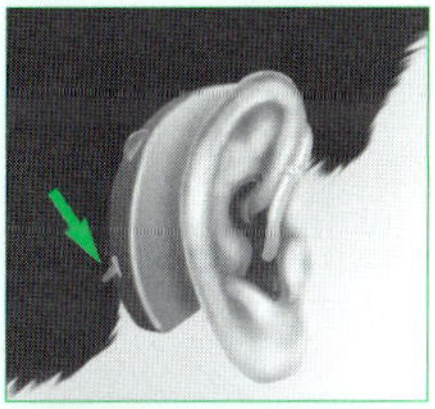

Schalten Sie nun das Gerät ein. Nachdem Sie die Lautstärke geregelt haben, können Sie jetzt deutlich hören und verstehen.

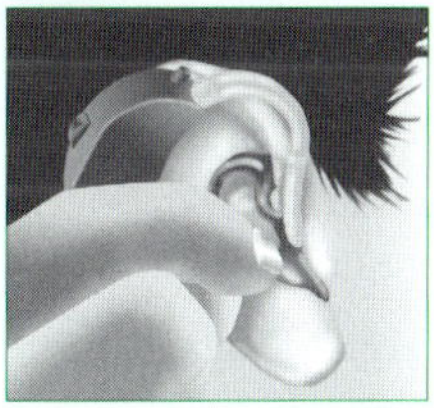

Zum Abnehmen des Hörgeräts reduzieren Sie zuerst die Lautstärke oder schalten das Gerät aus. Ziehen Sie vorsichtig das Ohrpassstück aus Ihrem Ohr. Dabei nicht am Schlauch ziehen!

...pfleglich behandeln

Reiben Sie das herausgenommene Ohrpassstück täglich mit einem weichen, trockenen Tuch ab. Überprüfen Sie dabei die Öffnung des Passstücks. Sie darf auf keinen Fall verstopft sein, da sonst die Schallübertragung Hörgerät – Ohr gestört ist. Mindestens einmal pro Woche sollte das Ohrpassstück gründlicher gereinigt werden. Bei Ihrem Hörgeräte-Akustiker sind für diesen Zweck komplette Hygiene-Sets erhältlich.

Das Einsetzen sehr kleiner Hörgeräte erfordert einige Übung.

Wie Sie ein In-dem-Ohr-Gerät (IdO-/IO-Gerät) richtig einsetzen und entfernen

Nur wenn das Hörgerät gut sitzt, ist ein störungsfreies Hören möglich. Wie Sie beim Einsetzen der Gehörgangsschale, die gleichzeitig das Hörgerät ist, vorgehen, sehen Sie auf den folgenden Abbildungen.

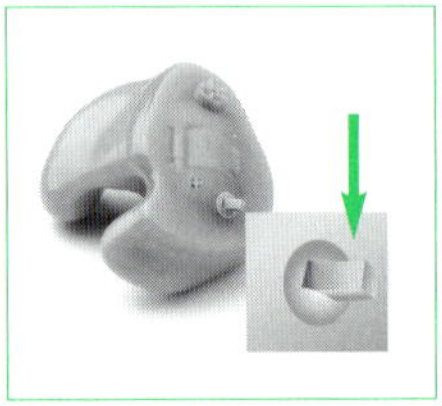

Schalten Sie das Hörgerät wenn möglich aus, bevor Sie es ins Ohr einsetzen, um eine Rückkoppelung zu verhindern. Vergewissern Sie sich, dass Sie Ihr Hörgerät im richtigen Ohr platzieren:
blaue Markierung = linkes Ohr
rote Markierung = rechtes Ohr

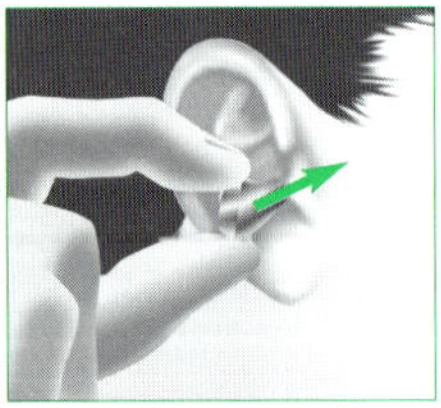

Setzen Sie das Hörgerät mit dem Kanalende nach vorn in den Gehörgang. Denken Sie daran, dass der Gehörgang ungefähr in Richtung Ihrer Stirn verläuft. Ziehen Sie sanft an Ihrem Ohrläppchen, und bringen Sie das Hörgerät in die richtige Lage. Auch wenn dieser Vorgang für Sie anfänglich etwas ungewohnt ist, werden Sie rasch mit ihm vertraut werden, sodass er ganz natürlich abläuft.

Das Ohrpassstück wird aus Kunststoff gefertigt. Reagieren Sie auf dieses Material allergisch, hilft oft eine zusätzliche Glasbeschichtung. Manchmal ist auch eine Goldbeschichtung notwendig.

Zurück zum Abdrucknehmen: Es ist ein schmerzloses und ungefährliches Verfahren, sofern Sie nicht bereits im Gehörgang operiert worden sind – in diesem Fall muss der Hörgeräte-Akustiker mit besonderer Vorsicht vorgehen. Zunächst polstert er

Zum Herausnehmen des Hörgeräts schalten Sie es wenn möglich aus, um eine Rückkoppelung (Pfeifton) zu verhindern. Achtung: Lassen Sie das Gerät nicht auf eine harte Oberfläche fallen. Am besten setzen Sie sich auf ein Sofa, Bett etc.

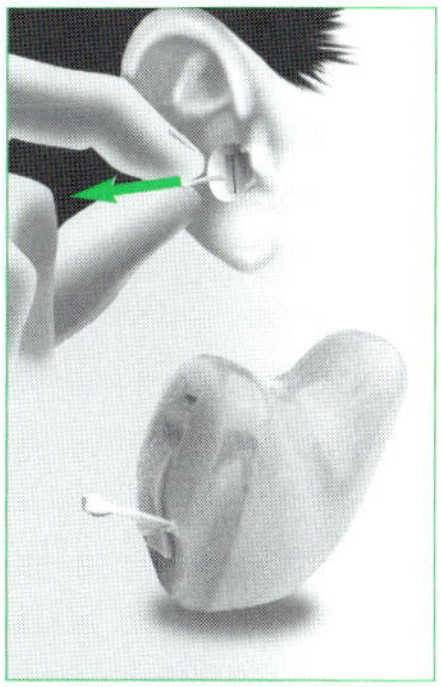

Hörgerät mit Ausziehfaden
Nehmen Sie den Ausziehfaden mit Daumen und Zeigefinger, und ziehen Sie das Hörgerät aus dem Ohr.

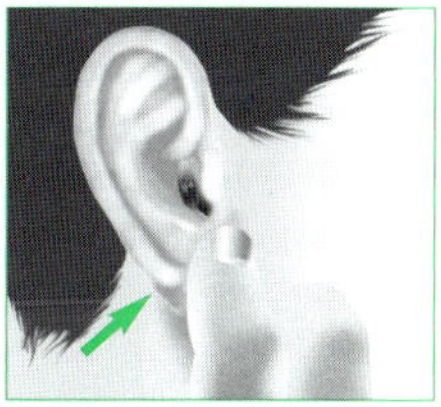

Hörgerät ohne Ausziehfaden
Legen Sie den Daumen hinter das Ohrläppchen (direkt unterhalb des Knorpels), und drücken Sie das Ohr leicht nach oben, um das Hörgerät aus dem Gehörgang zu heben. Durch Kaubewegungen können Sie diesen Vorgang unterstützen. Mit Daumen und Zeigefinger lässt sich nun das Hörgerät leicht fassen und herausnehmen.

Wischen Sie das Gerät nach jedem Tragen mit einem weichen, trockenen Tuch sorgfältig ab.

Geräte mit Ausziehfaden lassen sich besonders leicht entfernen.

Ihren Gehörgang zum Schutz des Trommelfells mit Watte aus, dann spritzt er die Ohrmuschel und den Gehörgang mit einer Abdruckmasse aus.

Nach etwa zwei bis drei Minuten ist die Abdruckmasse – oft Silikonkautschuk – fest und kann wieder herausgenommen werden. Ein Labor verarbeitet den Abdruck zu dem entsprechenden Ohrpassstück weiter. Nach einigen Tagen können Sie Ihr Hörgerät beim Akustiker abholen.

Überprüfung durch den HNO-Arzt

Allein die Feineinstellung dauert mehrere Monate.

Endlich ist es so weit: Sie haben sich für ein bestimmtes Gerät entschieden. Damit ist allerdings noch nicht alles getan. Der Hörgeräte-Akustiker nimmt die Einstellung vor, was sich gut über drei Monate hinziehen kann, da erfahrungsgemäß immer wieder Feinkorrekturen vorgenommen werden müssen. Denn erst die Bewährung im Alltag zeigt, welche Einstellung für das Gerät, und damit für Sie, optimal sind.

Schließlich stellt der Hörgeräte-Akustiker einen Hörgerätepass aus, der alle Kenndaten Ihres Gehörs und des angepassten Hörgeräts enthält. Mit diesem Anpassbericht geht es zurück zum HNO-Arzt. Der muss sich vom Erfolg der Hörgeräteanpassung überzeugen und dies durch eine erneute Untersuchung bestätigen. Erst dann beginnt das Krankenkassenverfahren zur Erstattung der Kosten.

Möglichkeiten und Grenzen des Hörgeräts

Gewöhnungsphase mindestens ein halbes Jahr!

Die Hörgerätehersteller attestieren ihren Produkten gerne „Hi-Fi-“ oder „CD-Qualität“ und versprechen ein „Hören wie früher“. Lassen Sie sich von solchen Werbeversprechen nicht täuschen. Es dauert mindestens ein halbes Jahr, bis Sie sich an Ihr Hörgerät wirklich gewöhnt haben. Tragen Sie es in der ersten Zeit nur für ein, zwei Stunden, erst später sollten Sie die Tragedauer nach und nach steigern.

Oft ist eine falsche Erwartungshaltung daran schuld, dass das Hörgerät schon bald wieder enttäuscht weggelegt wird. Viele Betroffene – und auch Freunde und Angehörige – meinen, mit einem Hörgerät könne man sofort wieder besser hören. Doch das ist nicht der Fall!

Seien Sie sich darüber im Klaren: Es ist bloß eine technische Prothese, die Sie tragen. Zunächst werden Sie die vor allem als eine Art Fremdkörper empfinden, der zudem ungewohnte Hörerlebnisse vermittelt. Mithilfe Ihres Hörgeräts hören Sie nun wieder Geräusche – bei älteren Menschen gerade im Hochtonbereich –, die Sie schon lange Zeit nicht mehr gehört und daher längst vergessen hatten: das Ticken der Uhr, das Knistern von Papier, Vogelgezwitscher. Diese akustischen Eindrücke müssen Sie erst wieder zu verarbeiten lernen.

Zum Großteil eine Frage der persönlichen Einstellung

Wie gut Sie mit Ihrem Hörgerät zurande kommen, hängt nicht allein von der Leistungsfähigkeit des Geräts ab, auch nicht allein von der Dauer, dem Grad und der Art Ihrer Schwerhörigkeit, sondern vor allem von Ihrer eigenen Einstellung. Von Ihrer Bereitschaft nämlich, selbst aktiv zu werden. Die Gewöhnung an die Hörhilfe kann nicht erzwungen, wohl aber trainiert werden. Doch das erfordert eine Menge Zeit und noch mehr Geduld.

Schritt für Schritt zum Erfolg

Das Hörgerät ist in erster Linie eine „Hör-Hilfe“ und keine „Versteh-Hilfe“. In den skandinavischen Ländern ist ein eigenes Hörtraining selbstverständlicher Bestandteil einer Hörgeräte-Versorgung. Bei uns wird dieser Aspekt leider noch zu wenig berücksichtigt.

Gerade hochgradig Schwerhörige sollten zum (Wieder-)Erlernen des Hörens und Sprechens professionelle Hilfe von Logopäden oder Schwerhörigenlehrern in Anspruch nehmen. Ein Hörtraining können Sie freilich auch selbst machen. Dazu gibt es eine Reihe von Übungsheften mit Kassette. Informieren Sie sich bei Ihrem Hörgeräte-Akustiker.

Behutsam vorgehen und keine Wunder erwarten

Erwarten Sie sich von Ihrem Hörgerät keine Wunder. Gehen Sie nicht gleich am ersten Tag ins Konzert oder zu Ihrem Stammtisch – in der frohen Erwartung, nun wie ein Guthörender alles wieder ganz problemlos verstehen zu können. So ist die Enttäuschung bereits vorprogrammiert.

Beginnen Sie langsam.

Gehen Sie stattdessen Schritt für Schritt vor. Gewöhnen Sie sich langsam an den Umgang mit Ihrem Hörgerät. Tragen Sie es zunächst nur zu Hause und nur für einige Stunden. Machen Sie sich mit den alltäglichen Geräuschen vertraut: Wie hören sich meine Schritte an, wie meine Stimme? Welches Geräusch macht eine zufallende Tür? Die eigenen vier Wände sollen Ihnen in ihrer akustischen Spezifik wieder vertraut werden.

Bitte beachten Sie: Schon kleine Übungen können Sie in der ersten Zeit bald ermüden oder nervös machen. Daher zwischendurch immer wieder Ruhepausen einlegen! Seien Sie nicht zu ehrgeizig, sondern gönnen Sie sich und Ihren Ohren genügend Erholungsphasen.

Das Unterscheiden wichtiger von unwichtigen akustischen Informationen muss erst wieder gelernt werden. Probieren Sie daher zunächst das Gespräch mit einer Person, bevor Sie sich auf die geräuschvolle Hörsituation mit mehreren Personen einlassen. Üben Sie, Ihre Aufmerksamkeit von einem Geräusch auf das andere zu richten. Mag sein, dass Sie manche Geräusche nicht auf Anhieb erkennen. Nehmen Sie sich Zeit und versuchen Sie, sie zu identifizieren.

Überfordern Sie sich nicht.

Hören wird damit zu einer Art Trainingsprogramm. Je intensiver Sie es befolgen, umso besser. Allerdings: Eine Tortur soll es auch nicht werden. Achten Sie daher auch darauf, sich nicht zu überfordern.

Bedienung und Pflege

Je hochwertiger ein Gerät, desto mehr Einstellmöglichkeiten bietet es gewöhnlich auch. Und mit dem technischen Fortschritt kommen ständig neue Möglichkeiten dazu.

Ihr Hörgerät können Sie, je nach Ausführung, entweder über Fernbedienung oder direkt über Einstellmöglichkeiten am Gerät bedienen. Alle Wahlmöglichkeiten sind nur so gut, wie Sie sie zu bedienen wissen. Was nützt Ihnen die modernste Kleinausführung, wenn Sie aufgrund fehlender Fingerfertigkeit mit ihr überhaupt nicht zurande kommen? Was bringen die vielfältigen Einstellungsmöglichkeiten, wenn Sie nicht wissen, für welche Situationen welche gedacht sind?

Abkürzungen am Hörgerät

Position „M". Steht für Mikrofon. Das Gerät ist auf normales Hören geschaltet.
Position „T". Steht für Telefon- oder Hörspule. Eine Einstellung für besondere Hörsituationen wie Telefonieren oder induktives Hören.
Position „0". Das Gerät ist ausgeschaltet.

Lassen Sie sich also von Ihrem Hörgeräte-Akustiker die Handhabung des Geräts genau erklären.

Ein Hörgerät enthält empfindliche elektronische Bauteile und Schaltungen. Daher sollte es entsprechend sorgfältig behandelt und gepflegt werden.

Schützen Sie das Gerät vor Stoß und Fall. Jede Erschütterung kann seiner feinen Mechanik schaden. Daher Reinigungsarbeiten oder Batteriewechsel immer über einer weichen Unterlage durchführen.

Immer über einer weichen Unterlage arbeiten.

Halten Sie Ihr Hörgerät sauber. Wischen Sie es täglich mit einem weichen, trockenen Lappen oder speziellen Reinigungstüchern ab. Keinen Alkohol und keine Lösungsmittel zum Reinigen verwenden! Das Ohrpassstück, das vom HdO-Gerät getrennt werden kann, benötigt mindestens jede Woche ein Bad, weil es stets frei von Ohrenschmalz sein soll. Dafür eignen sich warmes Seifenwasser, aber auch Zahnprothesenreiniger und spezielle Reinigungsmittel, die Sie beim Hörgeräte-Akustiker bekommen. Das Ohrpassstück muss absolut trocken sein, bevor Sie es wieder mit dem Gerät verbinden. Vorsicht! Achten Sie darauf, das rechte und linke Ohrpassstück nicht zu verwechseln. Hier hilft eine farbliche Markierung (rote Farbe = rechtes Ohr, blaue Farbe – linkes Ohr).

Schützen Sie das Gerät vor Nässe, Feuchtigkeit und Schmutz. Nehmen Sie es daher immer vor dem Schwimmen, Baden oder Duschen ab. Lagern Sie es nicht im feuchten Badezimmer, sondern an einem trockenen Ort. Schweiß greift Hörgeräte besonders an. Wenn Sie oft stark schwitzen, sollten Sie entweder ein dafür ausgelegtes, spezielles Hörgerät oder Trocken- beziehungsweise Wärmebeutel verwenden, in denen dem Gerät die Feuchtigkeit wieder entzogen werden kann.

Auch Hunde können ein Hörgerät ruinieren.

Wählen Sie einen sicheren Aufbewahrungsort. Bewahren Sie Ihr Hörgerät an einem trockenen und sauberen Ort und möglichst außer Reichweite von Kindern auf. Achtung: Auch Hunde können sich vom vertrauten Duft von Herrchen oder Frauchen angezogen fühlen. Das mögliche Resultat: ein zerkautes Hörgerät!

Der lästige Pfeifton

Ein Problem, das beim Tragen von Hörgeräten oft auftritt, ist das unangenehme Pfeifen. Dabei handelt es sich um eine Rückkoppelung: Das durch das Hörgerät verstärkte Signal tritt wieder in das Mikrofon ein und wird praktisch endlos verstärkt. Die Ursache kann sein, dass das Hörgerät zu locker sitzt (IdO-Gerät) oder der Hörschlauch rissig geworden ist (HdO-Gerät). Im Fall einer Rückkoppelung sind Hörer und Mikrofon des Geräts akustisch nicht mehr ausreichend voneinander abgeschirmt. Mitunter wird der Pfeifton vom Betroffenen selbst aufgrund seiner Hochtonschwerhörigkeit gar nicht wahrgenommen. Freunde oder Angehörige müssen ihn darauf aufmerksam machen.

Zuerst die Körperpflege, dann erst das Hörgerät. Parfüm, Rasierwasser, Hautcremen, Schminke, Haarspray und andere Kosmetika können leicht wichtige Teile des Geräts verstopfen und verkleben. Deshalb erst nach der Morgentoilette das Hörgerät einsetzen.

Setzen Sie das Gerät nicht der prallen Sonne aus. Zu hohe Temperaturen schaden dem Hörgerät und können es verformen. Daher weder auf die Heizung noch auf einen sonnenbeschienenen Platz legen.

Schützen Sie Ihr Hörgerät vor Strahlung. Daher bei einer ärztlichen Behandlung das Gerät vor Betreten des Strahlenraums abnehmen.

Überprüfen Sie bei HdO-Geräten regelmäßig den Hörschlauch. Er enthält eine Chemikalie, die ihn weich hält. Mit der Zeit verdampft dieser Weichmacher – der Schlauch wird hart und rissig; ein Zeichen, dass er ausgewechselt werden muss.

Überlassen Sie Reparaturen dem Fachmann. Sie mögen noch so ein geschickter Heimwerker sein, von Ihrem Hörgerät lassen Sie besser die Finger. Die feine Elektronik und Mechanik ist nur etwas für den Fachmann, nämlich den Hörgeräte-Akustiker und für sonst niemanden.

Keine Do-it-yourself-Experimente!

Sorgen Sie für einen Batterie-Vorrat. Hörgeräte erhalten ihren Strom von Batterien, seltener von Akkus. Je nach Gerät sind unterschiedliche Batteriegrößen vorgeschrieben. Zur besseren Orientierung kennzeichnen die meisten Hersteller die jeweiligen Größen mit einem bestimmten Farbcode (so etwa Blau für die Größe 675, Gelb für die Größe 10). Die eingelegte Batterie hält, je nach Tragedauer und Kapazität, mitunter nur ein bis zwei Wochen – eine vergleichsweise kurze Zeit. Daher ist es empfehlenswert, immer einen bestimmten Vorrat an Batterien bei sich zu haben. Nehmen Sie die Batterien aus dem Gerät, wenn Sie es längere Zeit nicht benutzen.

Lagern Sie die Batterien kühl und trocken. Bewahren Sie sie nicht zusammen mit anderem Metall auf, weil sonst Entladung droht. Außerdem außerhalb der Reichweite von Kindern lagern – Batterien enthalten giftige Chemikalien, die nicht verschluckt werden dürfen. Primärzellen, auch Wegwerfbatterien genannt, gehören nicht in den Hausmüll, sondern müssen gesondert entsorgt werden. Der Hörgeräte-Akustiker oder der Einzelhandel nimmt sie wieder zurück.

Batterien sorgfältig lagern und fachgerecht entsorgen.

Was tun bei Störungen?

Nicht immer müssen Sie gleich zum Hörgeräte-Akustiker, wenn Ihr Gerät streikt.

Mögliche Ursachen	Lösungen
Das Hörgerät funktioniert nicht.	
Die Batterie ist verbraucht.	Legen Sie eine neue Batterie ein.
Das Batteriefach ist nicht geschlossen.	Schließen Sie das Batteriefach.
Die Batteriekontakte sind korrodiert.	Bringen Sie das Hörgerät zum Hörgeräte-Akustiker.
Die Batterie ist nicht richtig eingelegt (+/–).	Legen Sie die Batterie korrekt ein.
Der Schalter ist auf „T“ oder „0“ gestellt.	Stellen Sie den Schalter auf „M“.
Die Mikrofonöffnung ist verstopft.	Bringen Sie das Gerät zum Hörgeräte-Akustiker.
Die Lautstärke verringert sich.	
Die Batterie ist schwach.	Ersetzen Sie die Batterie.
Der Ausgang des Geräts ist mit Ohrenschmalz verstopft.	Entfernen Sie das Ohrenschmalz.
Die Mikrofonöffnung ist verstopft.	Bringen Sie das Gerät zum Hörgeräte-Akustiker.

Manche Hörgeräte-Akustiker bieten auch einen Batterie-Auftragsdienst. Dabei erhalten Sie per Post, in der Regel monatlich, eine feste Anzahl von Hörgeräte-Batterien, deren Menge Sie nach Ihren Bedürfnissen angeben. So ersparen Sie sich den Weg zum Geschäft.

Kosten

Die Krankenkasse zahlt nur die Standardausführung.

Ein Taschenhörgerät kostet um die 700 Euro, ein HdO-Gerät zwischen 700 und 1800 Euro, ein IdO-Gerät zwischen 900 und 2000 Euro. Alles je nach Ausführung. Die Krankenkasse kommt in der Regel für die Standardausführung auf, die sich nach der jeweiligen Hörbeeinträchtigung richtet. Wer mehr Komfort wünscht – oder juristisch formuliert: wer das wünscht, was über das „Maß des Notwendigen“ hinausgeht –, muss aus eigener Tasche dazuzahlen.

Das Gerät schaltet sich ein und aus; ständige Unterbrechungen.	
Die Batterie ist fast verbraucht.	Legen Sie eine neue Batterie ein.
Der Lautstärkeregler ist nicht in Ordnung.	Bringen Sie das Gerät zum Hörgeräte-Akustiker.
Im Hörgerät ist Feuchtigkeit.	Legen Sie das Gerät über Nacht in einen Trockenbeutel. Wenn das nichts hilft, bringen Sie das Gerät zum Hörgeräte-Akustiker.
Das Hörgerät pfeift im Ohr.	
Das Ohrpassstück beziehungsweise das IdO-Gerät ist nicht richtig eingesetzt.	Setzen Sie es erneut ein.
Der Lautstärkeregler ist zu hoch eingestellt.	Stellen Sie die übliche Lautstärke ein.
HdO-Gerät, Schallschlauch und Ohrpassstück sind nicht richtig verbunden.	Stecken Sie die Teile fest zusammen.
Sie hören verzerrt.	
Die Batterie ist fast verbraucht.	Setzen Sie eine neue Batterie ein.
Der Lautstärkeregler ist ganz aufgedreht.	Drehen Sie ihn auf die übliche Einstellung zurück.
Die Mikrofonöffnung ist schmutzig.	Bringen Sie das Gerät zum Hörgeräte-Akustiker.

Für Reparaturen gelten in der Regel Festbeträge. In begründeten Fällen besteht auch Anspruch auf ein neues Ohrpassstück. Hörgeschädigte, die im Arbeitsprozess stehen, können von den Krankenkassen beziehungsweise der Hauptfürsorgestelle Unterstützung erhalten. Unter bestimmten Voraussetzungen übernimmt auch das Sozialamt Kosten im Rahmen der Eingliederungshilfe nach dem Bundessozialhilfegesetz.

Batterien und Zusatzgeräte sind Privatsache.

Nach fünf Jahren stößt ein Hörgerät üblicherweise an seine Leistungsgrenze. Dann besteht Anspruch auf ein neues Gerät. Die Hörgeräte-Batterien muss der Leistungsbezieher – Ausnahme: Kinder bis zum 18. Lebensjahr – indes selbst bezahlen. Ebenso Zusatzgeräte, die wir im Folgenden vorstellen wollen. In begründeten Fällen kann allerdings auch hier die Krankenkasse oder der Pensions- beziehungsweise Rentenversicherungsträger die Kosten übernehmen.

Zusatzgeräte

Hörhilfen für schwierige Situationen

Darunter versteht man weitere technische Hilfen zur Hörgeräteversorgung. Für hochgradig Schwerhörige stellen sie oft überhaupt die einzige Möglichkeit dar, schwierige Hörsituationen zu bewältigen.

Schwierige Hörsituationen sind etwa dann gegeben, wenn ein Sprecher weit weg steht, das Hintergrundgeräusch (Störschall) sehr stark ist oder der Raum sehr ungünstige akustische Bedingungen (Widerhall) aufweist. Alle drei Faktoren können natürlich auch zusammen auftreten, in diesem Fall verschlimmert sich das Problem noch. Schon ein Guthörender kann unter solchen Bedingungen Schwierigkeiten im Verstehen haben, erst recht ein Schlechthörender.

Richtmikrofon

Für stark Schwerhörige ist jedes Gespräch in lauter Umgebung schwierig bis unmöglich. Sie können sich mit einem an den Audioeingang ihres Hörgeräts angeschlossenen Richtmikrofon behelfen, das den Schall ausschließlich aus einer bestimmten Richtung aufnimmt und so den seitlichen oder rückwärtigen Störschall stark abdämpft.

Das Prinzip der Zusatzgeräte besteht darin, eine möglichst direkte Verbindung zwischen Schallquelle und Hörgeräteeingang herzustellen. Dazu ist erforderlich, dass Ihr Hörgerät über entsprechende Anschlussmöglichkeiten verfügt. Je winziger das Gerät, desto größer die Gefahr, dass diese Möglichkeiten nicht gegeben sind.

Fast alle Hörgeräte besitzen eine eingebaute Hörspule (Telefonspule, Induktionsspule). Aber nur HdO-Geräte mit dem so genannten Audio-Schuh haben eine elektrische Steckverbindung.

Die unmittelbare Verbindung zu einer Schallquelle kann man direkt über Kabel herstellen. Es geht aber auch drahtlos: Dabei macht man sich zu Nutze, dass nicht nur die Luft zur Schallübertragung infrage kommt. Je nach technischem Übertragungssystem unterscheidet man Induktionsanlagen, Infrarotanlagen und FM-Anlagen. Notwendige Komponenten sind jeweils ein entsprechender Senderteil mit Mikrofon und ein Empfängerteil.

Induktionsanlagen

Sie arbeiten bei der Schallübertragung mit elektromagnetischen Wellen. Über Mikrofon und Verstärker wird die Schallinformation in eine im Raum verlegte Ringleitung gespeist. Der Hörgeräte-Träger empfängt die Information mithilfe der in seinem Gerät eingebauten Induktionsspule. Dazu muss er nur die Schalterstellung von „M“ (Mikrofon) auf „T“ (Telefonspule) bringen und die Lautstärke neu regulieren. Sein Mikrofon ist nun ausgeschaltet, das heißt, er hört keine Umgebungsgeräusche mehr. Viele Theater, Vortragssäle und Kirchen sind mit einer Ringleitung ausgerüstet (gekennzeichnet durch ein stilisiertes Ohr, das Schwerhörigenzeichen). Ein kostengünstiges System, das allerdings durch andere elektrische Leitungen leicht gestört werden kann.

Schwerhörigenzeichen: Wenn Sie dieses Zeichen sehen, heißt es auf „T“ stellen und Lautstärke neu regulieren.

Infrarotanlagen

Hier werden die Schallwellen in Infrarotimpulse umgewandelt. Im Gegensatz zu Induktionsanlagen können die (unsichtbaren) Infrarotstrahlen keine Gegenstände durchdringen. Das System ist bei starker Sonnenlichteinstrahlung störanfällig. Der Empfangsteil ist nicht im Hörgerät eingebaut, sondern wird entweder mit einem Band um den Hals getragen oder mit einem Clip an der Kleidung befestigt. Schwerhörige schließen es mit eigenem Audiokabel direkt an die Hörgeräte an oder sie verwenden eine kleine Induktionsschlinge, die um den Hals gelegt wird.

FM-Anlagen

Für die Übertragung werden UKW-Wellen verwendet. Der Sender besteht in der einfachen Ausführung aus Mikrofon, UKW-Sender und Sendeantenne. Eine Empfangsantenne fängt die Schallinformation auf und leitet sie zum Hörgerät weiter. Diese Art der Funkübertragung wird gerne bei schwerhörigen Schülern im Unterricht eingesetzt.

Zusatzgeräte erleichtern nicht nur Ihnen, sondern auch Ihrer Umgebung das Leben.

Die hier aufgezeigten Möglichkeiten der direkten Übermittlung gelten ebenso für große Veranstaltungen wie für Ihre eigenen vier Wände, sprich: für Fernsehapparat oder Radio. Zusatzgeräte helfen, dass im wahrsten Sinne Ruhe im Haus einkehrt. Sie brauchen das Fernsehgerät nicht mehr auf volle Lautstärke zu drehen, sondern empfangen den Fernsehton direkt. Ihre (gut hörenden) Familienmitglieder – und Nachbarn – werden es Ihnen danken.

Auf Sendungen mit Untertiteln achten

Apropos Fernsehen: Mithilfe eines Videotext-Decoders – in den meisten modernen Fernsehgeräten bereits eingebaut – können Untertitel in bestimmte Spielfilme und Nachrichtensendungen eingeblendet werden. Die untertitelten Sendungen sind in den Fernsehzeitschriften mit einem Ohrsymbol gekennzeichnet. Außerdem bieten einige Sender Videotexte für Hörgeschädigte an.

Telefon-Hörhilfen

Das Telefonieren gehört zu jenen Alltagshandlungen, die mit dem neuen Hörgerät erst eingeübt werden müssen. Dazu empfiehlt sich, am Anfang die Probe mit einer automatischen Telefonansage (Zeitansage, Wetteransage) zu machen. Überprüfen Sie, wie Sie den Hörer halten müssen, damit Sie die Ansage optimal verstehen. Bedenken Sie dabei, dass das Hörgerätemikrofon bei IdO-Geräten im Gehörgang, bei HdO-Geräten dagegen am oberen Ohrende sitzt. Je nach Hörgerät müssen Sie den Hörer also unterschiedlich halten. Oder Sie schalten von der M-Position (Mikrofon) auf T-Position (Telefonspule) um. Dann geschieht die Übertragung über das elektromagnetische Feld.

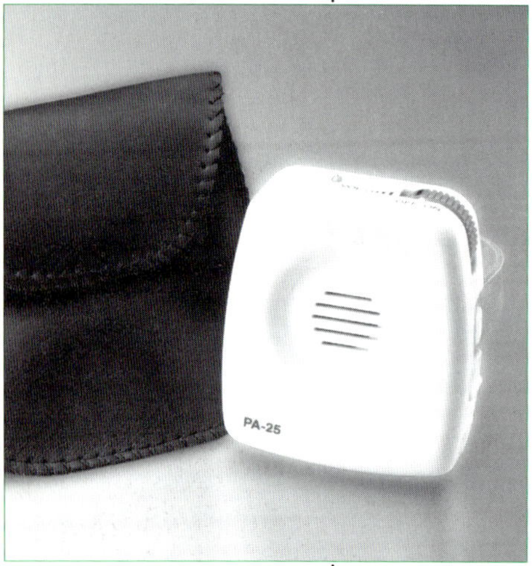

Foto: Humantechnik

Besser hören: Mit einem Telefonverstärker telefoniert es sich wesentlich leichter.

Ein Fortschritt in der Technik – moderne Telefonapparate arbeiten ohne Magnetspule – bedeutet einen Nachteil für Hörgeräte-Träger. Ein Empfang über die T-Spule ist nicht mehr möglich. Doch die Industrie bietet nach wie vor Telefonapparate an, die speziell für Hörbehinderte entwickelt sind. Achten Sie bei der Auswahl eines neuen Geräts darauf.

Daneben gibt es eine Reihe von technischen Hilfen, die das Telefonieren leichter machen. Beispielsweise Telefonverstärker, die auf dem Telefonhörer montiert werden.

SMS als beliebte Kommunikationsform

Im Fachhandel gibt es spezielle Handys für Hörbehinderte. Eine beliebte Kommunikationsform vor allem unter Jugendlichen stellt auch das Versenden von SMS-Nachrichten dar. Der Zubehörhandel bietet Telefonschleifen zum induktiven Hören. Die Schleifen bestehen meist aus einem Kästchen und einem Kabel, das um den Hals gelegt und mit dem Handy verbunden wird. Über das von der Induktionsschleife erzeugte Magnetfeld werden die Daten drahtlos an die Telefonspule im Hörgerät übertragen.

Eine Sonderform ist das Schreibtelefon. Es arbeitet wie ein Fernschreiber. Texte können eingegeben und über die Telefonleitung versendet werden. Das System funktioniert nur, wenn auch der Partner ein Schreibtelefon besitzt – die Nachricht erscheint auf dessen Display. So ist – im Gegensatz zum Fax-Gerät – ein Dialog auch ohne Unterbrechung in beiden Richtungen möglich.

Weitere Hilfen für die Wohnung

Optische Signalanlagen sind für jene Schwerhörigen geeignet, die das Klingeln an der Tür oder das Läuten des Telefons schlecht oder gar nicht mehr wahrnehmen. Diese Anlagen wandeln die akustischen Signale in optische um und sind damit unabhängig vom Hörgerät.

Nicht zu übersehen: Der Blitzwecker wandelt das akustische Signal in ein optisches um.

Blitzlichteinrichtungen gibt es nicht nur für Telefonapparate und Türglocken, sondern auch für den Wecker. Sie nehmen einem die Unsicherheit, dass etwas Wichtiges überhört werden könnte. Der so genannte Vibrationswecker als Kissen rüttelt Sie im wahrsten Sinn des Wortes wach.

Foto: Archiv

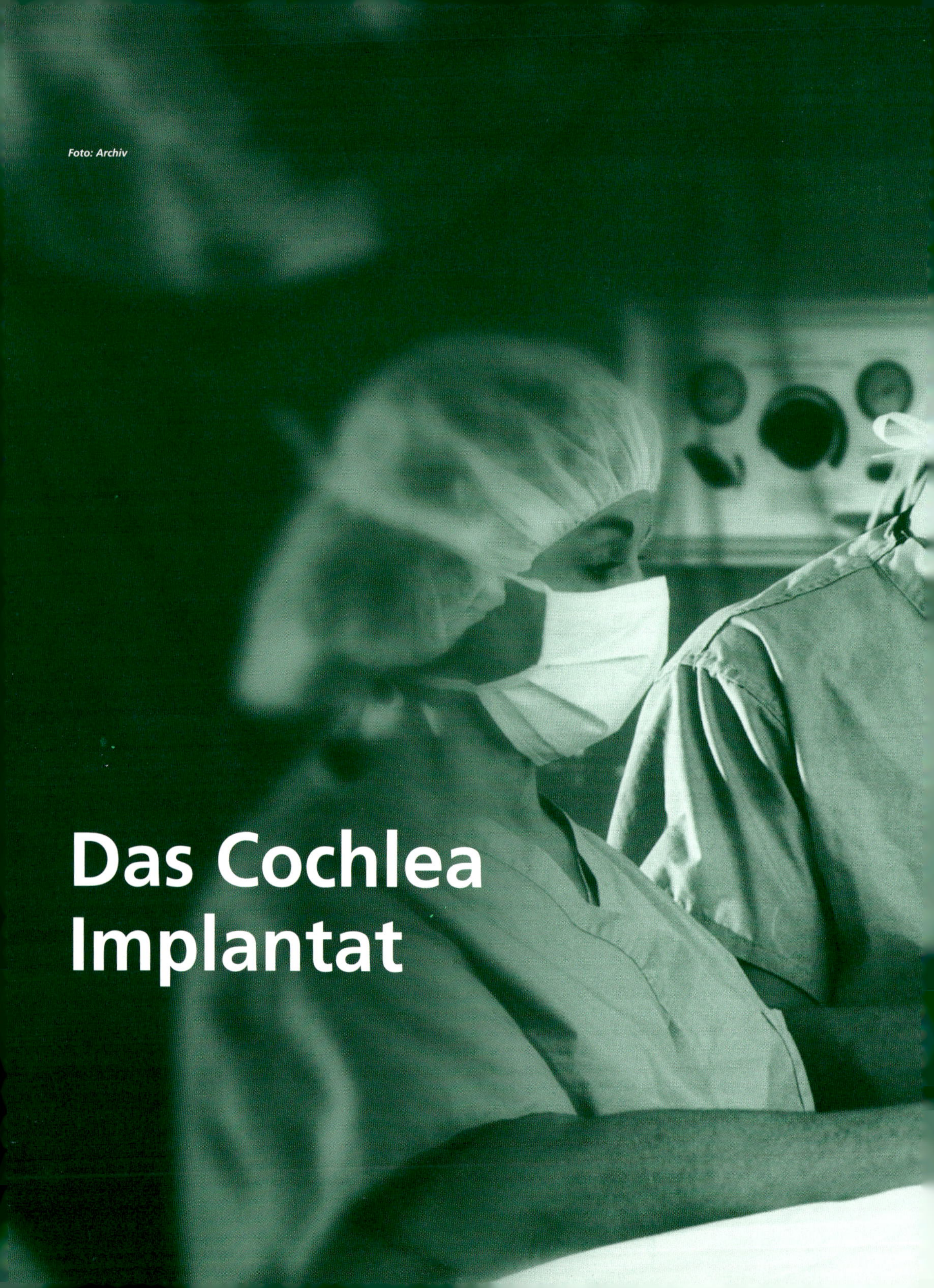

Das Cochlea Implantat

Für schwierige bis aussichtslose Fälle ist ein Implantat die letzte Hoffnung. Doch der Kreis derer, für die diese Hörhilfe Sinn macht, ist beschränkt.

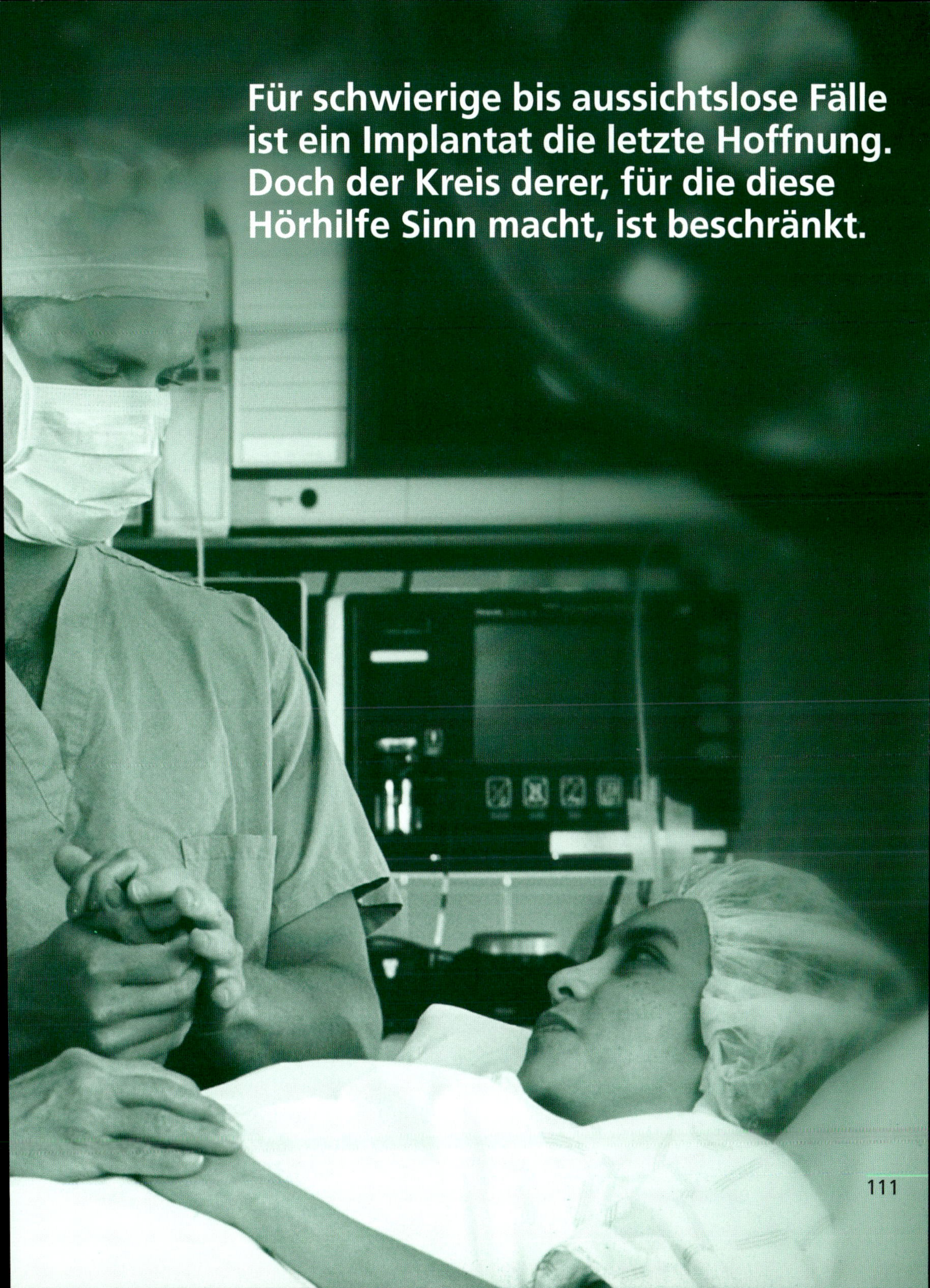

Hoffnung für schwierige Fälle

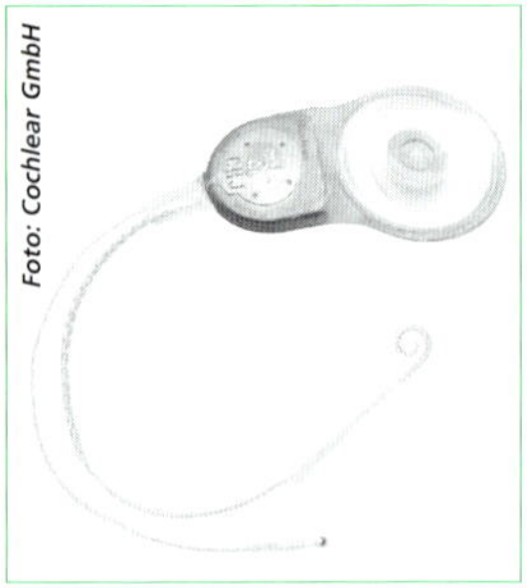

Unsichtbar: Der Empfänger wird unter die Haut hinter dem Ohr implantiert.

Nach ersten Versuchen in Amerika noch im 19. Jahrhundert gibt es seit Beginn der 80er-Jahre neue Hoffnung zur Hörrehabilitation nicht nur für hochgradig schwerhörige beziehungsweise ertaubte Erwachsene, sondern auch für gehörlos geborene Kinder. Gerade für sie ist es selbst durch modernste und leistungsfähigste Hörgeräte nicht möglich, Sprache zu verstehen.

In solchen schwierigen Fällen kann ein Cochlea Implantat (CI) helfen. Es handelt sich dabei um ein System, das aus einem äußeren und inneren Teil besteht: Der innere Teil, das eigentliche Cochlea Implantat, wird operativ hinter dem Ohr eingesetzt. Das Implantat übernimmt sozusagen die Funktion der ausgefallenen Härchenzellen im corti'schen Organ, wobei die Nervenzellen des Innenohrs beziehungsweise der Hörnerv direkt elektrisch stimuliert werden.

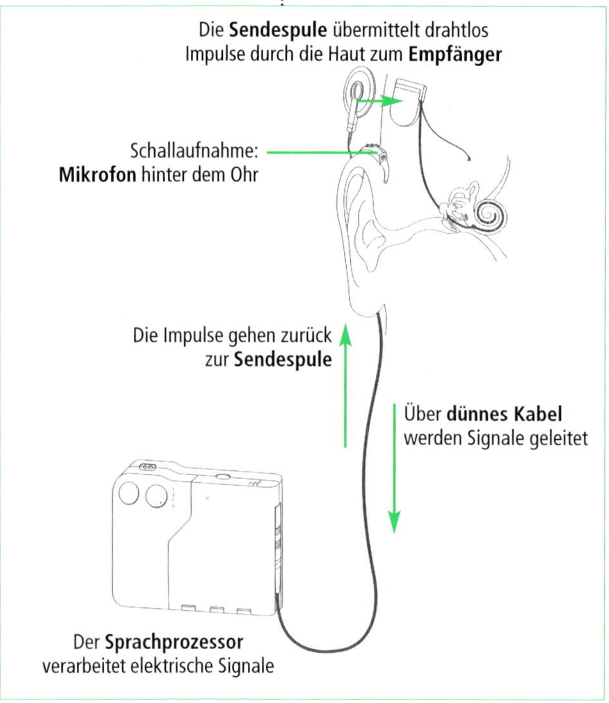

Das Cochlea Implantat besteht aus mehreren Komponenten.

- Die Schallaufnahme erfolgt durch ein hinter dem Ohr getragenes Mikrofon, das die Schwingungen in elektrische Signale umwandelt.
- Über ein dünnes Kabel werden diese Signale zum Sprachprozessor geleitet. Dieser Sprachprozessor musste früher am Körper getragen werden; dank dem Einsatz moderner elektronischer Geräte wurde er so verkleinert, dass er – wie auch normale Hörgeräte – hinter dem Ohr getragen werden kann (HdO-Sprachprozessor).

● Der Sprachprozessor verarbeitet die elektrischen Signale und codiert sie in einem Muster von elektrischen Impulsen.

● Diese Impulse gehen zurück zu einer Sendespule, die durch einen Magneten hinter dem Ohr gehalten wird.

● Die Sendespule sendet Impulse, zusammen mit Energie, in Form einer drahtlosen Übertragung durch die Haut zum Empfänger, der den Gegenmagneten enthält und zuvor durch eine Operation eingepflanzt wurde.

● Der Empfänger wandelt die empfangenen Impulse wieder um und leitet sie zu den aktiven Elektroden im Innenohr.

● Die in die Schnecke eingeführten Elektroden stimulieren den Hörnerv an verschiedenen Stellen der Paukentreppe in der Schnecke.

● Die elektrischen Reize werden über etwa fünf Neurone beziehungsweise die Hörnervenkerne im primären Hörzentrum ins Gehirn weitergeleitet, wo die akustische Information dann weiterverarbeitet wird.

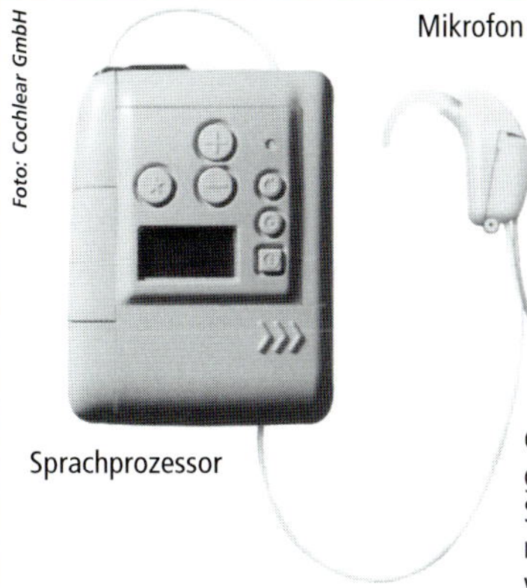

Codiert: Über das Mikrofon gelangt der Schall in den Sprachprozessor. Dort wird er mithilfe modernster Sprachverarbeitungsstrategien in einen speziellen elektrischen Code umgewandelt und an die Sendespule weitergeleitet.

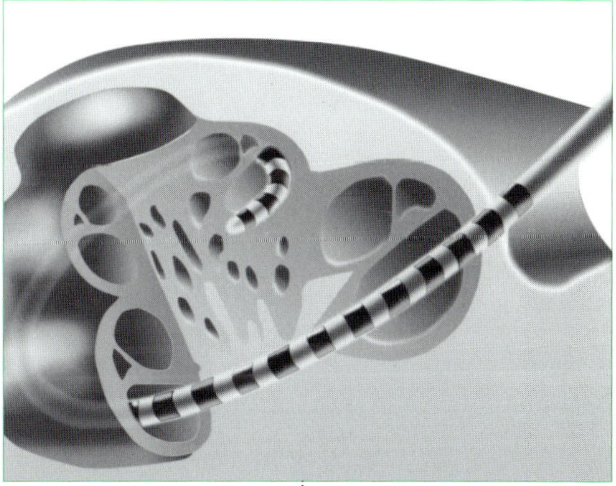

Feinarbeit: In die Gehörschnecke führt der Operateur ein Elektrodenbündel ein.

Die Implantation der inneren Anteile erfolgt in Vollnarkose. Die Operation dauert etwa zweieinhalb Stunden. Sie wird in der Regel von einem speziell ausgebildeten Ohrchirurgen vorgenommen und ist normalerweise nicht mit besonderen Risiken verbunden. Der Aufenthalt im Krankenhaus dauert etwa eine Woche.

Auswahlkriterien

Genaue Abklärung vor der Operation

Wie jeder medizinische Eingriff sollte auch ein Cochlea Implantat vorher gut überlegt werden. Nicht für jeden Patienten ist das CI eine geeignete Hilfe. Zum Ersten müssen bestimmte medizinische Voraussetzungen erfüllt werden: Es dürfen keine chronischen Entzündungen und keine schweren Innenohr-Missbildungen vorliegen. Außerdem sollte der Allgemeinzustand des Patienten so gut sein, dass die Operation beziehungsweise die erforderliche Vollnarkose kein erhöhtes Gesundheitsrisiko erwarten lässt. Zu klären ist auch, dass tatsächlich nur ein Ausfall der sehr empfindlichen Härchenzellen im corti'schen Organ vorliegt und der Hörnerv noch intakt ist, denn sonst können die elektrischen Impulse nicht zum Gehirn weitergeleitet werden.

Grundsätzlich hat das CI in erster Linie Auswirkungen auf das Hörvermögen und in zweiter Linie auf das Sprechen. Ein intaktes Hörvermögen ist Voraussetzung für den Spracherwerb. Später, wenn ein Sprachvermögen schon erworben wurde, ist es wichtig für die Kontrolle des Sprechens.

Fotos: Archiv

Möglichst früh: Bei gehörlos geborenen Kindern sollte bereits zwischen dem ersten und zweiten Lebensjahr implantiert werden.

Was den eigentlichen Hörerfolg betrifft, so sind die Ergebnisse individuell unterschiedlich, je nach den im Einzelfall vorhandenen Voraussetzungen. Den raschesten und besten Erfolg kann man erwarten, wenn ein normalhörender Erwachsener plötzlich ertaubt, zum Beispiel nach einer Gehirnhautentzündung oder einem Unfall: In diesen Fällen können über 80 Prozent der betroffenen Patienten in kurzer Zeit nach der Cochlea Implantation wieder telefonieren und weitgehend normal kommunizieren. Ähnlich günstige Voraussetzungen können vorliegen, wenn Erwachsene mit normalem Sprachvermögen aufgrund einer fortschreitenden Schwerhörigkeit langsam ertauben.

Bekanntlich ist der Hörsinn der erste Sinn des Menschen, da die Kinder bereits während der Schwangerschaft im Mutterleib zu hören beginnen. Bei der Geburt hat die Ohrschnecke praktisch bereits ihre endgültige Größe erreicht, sodass die chirurgischen Voraussetzungen für eine Cochlea Implantation schon sehr früh gegeben sind.

Hören und sprechen lernen wie Kinder mit Gehör

Gehörlos geborene Kinder haben dann die besten Chancen für den Hör- und später den Spracherwerb, wenn möglichst früh, das heißt zwischen dem ersten und zweiten Lebensjahr, implantiert wird. In diesen Fällen verläuft der Hör- und in der Folge der Spracherwerb praktisch wie bei normalhörenden Kindern, und sie haben große Chancen, später einmal eine allgemeine Schule zu besuchen und damit weitgehend ein Leben wie Normalhörende zu führen. Dazu ist eine entsprechend umfassende

Beratung und Förderung durch ausgebildete Fachkräfte erforderlich.

Ein CI, wenn auch Hörgeräte nicht mehr helfen

Jederzeit sinnvoll ist eine Implantation bei einer langsam fortschreitenden Schwerhörigkeit. Und zwar dann, wenn ein Sprachverständnis trotz optimal angepasster Hörgeräte nicht mehr möglich ist.

Ungeeignet für ein CI sind Patienten mit schweren Hirnschäden. Auch Patienten in höherem Lebensalter scheiden in der Regel aus, weil die Umstellung auf die neuen Höreindrücke bei ihnen eher zu mehr Problemen als zu einer größeren Erleichterung führt.

Die internationalen Erfahrungen zeigen heute, dass etwa nach dem fünften oder sechsten Lebensjahr eine Cochlea Implantation bei gehörlos geborenen Kindern nur in Einzelfällen Sinn macht und sie bei erwachsenen Gehörlosen in der Regel nicht mehr infrage kommt. Bei diesen Menschen sind aufgrund der fehlenden frühkindlichen Hörreize die entsprechenden Leitungsbahnen und Zentren im Hörsystem nicht entsprechend angelegt, sodass sie von dem durch ein Cochlea Implantat vermittelten Hörempfinden oft wenig profitieren. Auch die Lautsprache wird erfahrungsgemäß nach einer Cochlea Implantation bei den über Fünfjährigen nur mehr wenig gebessert.

Trotz dieser allgemeinen Einschränkungen muss betont werden, dass in einzelnen Fällen Kinder auch im späteren Lebensalter noch erfolgreich implantiert werden. Dafür müssen allerdings die entsprechenden Voraussetzungen vorliegen, die im Einzelfall von einem erfahrenen Team, bestehend aus einem spezialisierten HNO-Facharzt, Pädaudiologen, Logopäden, Kinderfacharzt, Frühförderern und Pädagogen, eingeschätzt werden müssen.

Auch an ein Implantat müssen Sie sich erst gewöhnen.

Wohlgemerkt: Auch das CI ist nicht mehr als eine künstliche Prothese und kann einem nicht das natürliche Hören wiederschenken. Es ist eine Hörhilfe, an die sich ihr Träger erst gewöhnen muss. Daher schließen sich an den operativen Eingriff in der Regel langwierige Rehabilitationsmaßnahmen an.

Mit der Operation allein ist es nicht getan.

Kommt es bei einem Kind zu einer plötzlichen Ertaubung, etwa nach einer überstandenen Gehirnhautentzündung, sollte so rasch wie möglich – sozusagen als „audiologischer Notfall" – die Rehabilitation durch ein CI erfolgen. In diesem Fall droht nämlich die unmittelbare Verknöcherung der Schnecke.

Aufklärung, Beratung und Entscheidung

Wie bei jeder anderen Behandlung muss sich der Arzt nach dem Willen des Patienten richten. Es liegt bei jedem Einzelnen, sich nach eingehender Beratung für oder gegen ein Cochlea Implantat zu entscheiden.

Bei Kindern müssen die Eltern die Entscheidung treffen und bestimmen so mehr oder weniger den weiteren Lebensweg ihres Kindes – pointiert gesagt: entweder pro Gehörlosengemeinschaft oder pro sprechende Gemeinschaft. Die Erfahrungen zeigen, dass der Erfolg nach einer Cochlea Implantation gerade bei gehörlos geborenen Kindern ganz wesentlich vom Engagement der Eltern, vom sozialen Umfeld und von der Intensität der audio-verbalen Förderung abhängt: Je engagierter die Eltern ihr Kind unterstützen, und je früher die Kinder implantiert werden, umso wahrscheinlicher wird ein guter Hör- und Spracherfolg. Man darf nicht vergessen, dass zusammen mit der Hörstörung andere Behinderungen oder Teilleistungsstörungen vorliegen können, die einen Erfolg mitunter schwieriger machen, ganz abgesehen von den unterschiedlichen Begabungen und Talenten des Kindes.

Hörstörung oft in Verbindung mit anderen Behinderungen

Eine umfassende Aufklärung ist vor jeder medizinischen Behandlung notwendig, ja für den Arzt verpflichtend. Gerade vor einer Cochlea Implantation ist sie besonders wichtig, denn die Entscheidung muss wohl überlegt werden. Selbsthilfegruppen können hier eine große Hilfe bedeuten, denn in ihnen engagieren sich jene Menschen, die einmal in derselben Situation waren und ihre Erfahrungen weitergeben können.

Service

Gesetzliche Ansprüche
Adressen
Literatur
Stichwortverzeichnis

Foto: Archiv

Gesetzliche Anspüche

„Niemand darf wegen seiner Behinderung benachteiligt werden.“ So steht es in der Verfassung. Auch Hörgeschädigte zählen zu den Behinderten – zu jenen Menschen, denen aufgrund ihrer körperlichen, seelischen oder geistigen Beeinträchtigung die „Teilnahme am Leben der Gemeinschaft erschwert ist“, so die gültige Definition.

Das Ausmaß der Behinderung wird durch den in Prozenten angegebenen „Grad der Behinderung“ (GdB) bestimmt. Der GdB-Wert macht also keine unmittelbare Aussage über die Schwere der Krankheit, sondern bestimmt vielmehr das Ausmaß der „sozialen Beeinträchtigung“.

Ab 50% GdB besteht Anspruch auf einen Schwerbehindertenausweis bzw. Behindertenpass. Die Behinderung muss vom Amtsarzt bestätigt werden, das zuständige Versorgungsamt bzw. Bundessozialamt stellt dann den Ausweis aus. Mit dem Ausweis haben Sie im Sinne eines „Benachteiligungsausgleichs“ Anspruch auf bestimmte Leistungen:

- Kündigungsschutz am Arbeitsplatz, Anspruch auf berufsfördernde Maßnahmen und zusätzliche Urlaubstage;

- jährlicher Steuerfreibetrag;

- erhöhte Familienbeihilfe (bei behinderten Kindern);

- Befreiung von Rundfunk-, Telefon- und Fernsehgrundgebühren.

Die Leistungen sind nach dem Grad der Behinderung gestaffelt. Auf Details wollen und können wir hier nicht eingehen, da die Leistungen von Bundesland zu Bundesland unterschiedlich ausfallen können. Grundsätzliche Zielsetzung der Sozialgesetzgebung ist, dass der Behinderte ein eigenständiges und in der Gesellschaft integriertes Leben führen kann.

Dazu wird ihm Unterstützung gewährt

- im medizinischen Bereich, um seine Behinderung zu beseitigen, zu bessern oder zumindest eine Verschlimmerung zu verhindern;

- im beruflichen Bereich, um seinen Patz in der Gesellschaft, insbesondere am Arbeitsplatz zu sichern;

- im sozialen Bereich, um finanzielle Härten auszugleichen.

Als Kostenträger kommen unterschiedliche Institutionen infrage wie Bundessozialamt, Sozialversicherungsträger, Bundesanstalt für Arbeit (Arbeitsmarktservice), Versorgungsämter und Sozialhilfe. Auf den ersten Blick eine verwirrende Fülle. Es ist allerdings nicht notwendig, sich an alle Einrichtungen zu wenden. Die Mitarbeiter dieser Institutionen beraten Sie gerne und weisen Sie an die richtige Stelle weiter.

ÖSTERREICH

Hört-Hört – Verein zur Förderung und Integration hörgeschädigter Kinder und Jugendlicher
Sperrgasse 8–10
1150 Wien
Tel.: (01) 894 73 33

Gemeinschaft Eltern und Freunde Hörgeschädigter
Frau Mag. Meixner
Mozartstraße 5/4
4020 Linz
Tel.: (0 73 2) 68 33 52

Österreichische Cochlear Implant Gesellschaft
Landeskrankenhaus-HNO Salzburg
Müllner Hauptstraße 48
5020 Salzburg
Tel: (0 66 2) 4482-4000, 4039
www.hoerbehinderten-info.de/at/oecig

BIG – Bundesinstitut für Gehörlosenbildung, Zentrum für Sprach- und Sprecherziehung
Maygasse 25
1130 Wien
Tel.: (01) 804 63 64
E-Mail: 913033@asn.netway.at

Schwerhörigenschule
Hammerfestweg 1
1220 Wien
Tel.: (01) 282 58 04
Fax: (01) 28 25 804-310
E-Mail: so22hamm001k@m56ssr.wien.at

Institut für Horch- und Sprachpädagogik
Die Tomatis-Methode
Mag. Dr. Werner Pelinka
Gusenleithnergasse 30/1
1140 Wien
Tel.: (01) 912 42 90
www.tomatis-institut.at
E-Mail: info@tomatis institut.at

VOX-Schutzverband der Schwerhörigen Österreichs
Sperrgasse 8–10
1150 Wien
Tel.: (01) 897 31 31
www.vox.at
E-Mail: info@vox.at

VOX-Technische Assistenz für Schwerhörige Wien u. NÖ (für Berufstätige)
Sperrgasse 8–10
1150 Wien
Tel.: (01) 897 31 31
Fax: (01) 897 47 89
www.schwerhoerigen-netz.at
E-Mail: office@ta-vox.at

Arge österreichischer Schwerhörigenseelsorger
Pfarrer Helmut Part
Schulstraße 2
4040 Linz
Tel.: (0 73 2) 73 10 95
www.part.at
E-Mail: part@part.at

Österreichischer Bund für Schwerhörige, Spätertaubte, Tinnitus-Betroffene & Sprachbehinderte
Triester Straße 172/1
8020 Graz
Tel.: (0 31 6) 26 21 571
Fax: (0 31 6) 26 21 574
E-Mail: oesb.hans-neuhold@aon.at

Selbsthilfegruppe für Schwerhörige, Angehörige und Freunde
Bernadette Heneckl
Glögglweg 1/2/13
4020 Linz
Tel.: (0 73 2) 65 14 25
E-Mail: heneckl@gmx.at
www.kath.at/hoerprobleme

Österreichische Tinnitus-Liga
Dr. Manfred Koller
Postfach 23
8029 Graz
Tel.: (0 31 6) 28 91 30; (0676/544 70 80)

(Fortsetzung von Seite 121)
www.oetl.at oder www.tinnitus.at
E-Mail: koller-oetl@sime.com

Fonds Gesundes Österreich
Mariahilfer Straße 176
1150 Wien
Tel.: (01) 895 04 00-22
www.fgoe.org
E-Mail: sigis@fgoe.org

DEUTSCHLAND

Deutsches Studentenwerk
Informations- und Beratungsstelle Studium und Behinderung
Weberstraße 55
53113 Bonn
Tel.: (0228) 26906-62/57
Fax: (0228) 264062
www.studentenwerke.de
E-Mail: studium-behinderung@studentenwerke.de

Deutsches Grünes Kreuz, Sektion Gutes Hören
Schuhmarkt 4
35037 Marburg/Lahn
Tel.: (06421) 293-0
Fax: (06421) 293-660
www.fgh-gutes-hoeren.de
E-Mail: fgh@kilian.de

Hörberatungs- und Informationszentrum Berlin
Sophie-Charlotten-Straße 23 A
14059 Berlin
Tel.: (030) 32602375
Fax: (030) 32602376

Deutscher Gehörlosen-Bund
Hasseer Straße 47
24113 Kiel
Tel.: 0431/6434468
www.gehoerlosen-bund.de
E-Mail: info@gehoerlosen-bund.de

Baumrainklinik
Rehabilitationszentrum für Hörgeschädigte und Tinnitus-Betroffene
Lerchenweg 8
57319 Bad Berleburg
Tel.: (02751) 870
www.baumrainklinik.de
E-Mail: info@baumrainklinik.de

Hannoversche Cochlear-Implant-Gesellschaft e.V.
Dipl.-Ing. R. Janowsky
Carl-Neuberg-Straße 1
30625 Hannover
Tel.: (0511) 532-6603
Fax: (0511) 532-3293
www.hcig.de
E-Mail: info@hcig.de

Deutsche Tinnitus-Liga
Am Lohsiepen 18
42369 Wuppertal
Tel.: (0202) 246520
www.tinnitus-liga.de
E-Mail: dtl@tinnitus-liga.de

Reha-Zentrum für Hörgeschädigte
Paradeplatz 3
24768 Rendsburg
Tel.: (04331) 58970
www.hoergeschaedigt.de
E-Mail: info@hoergeschaedigt.de

Deutsche Cochlear Implant Gesellschaft
Berliner Allee 13
89257 Illertissen
Tel.: (07303) 3955
www.dcig.de oder
www.schnecke-ci.de
E-Mail: DCIGeV@T-online.de

Deutscher Schwerhörigenbund e.V.
Breite Straße 3
13187 Berlin
Tel.: (030) 47541114
www.schwerhoerigkeit.de
E-Mail: dsb@schwerhoerigkeit.de

Ahrbeck, Bernd: Gehörlosigkeit und Identität. Probleme der Identitätsbildung Gehörloser aus Sicht soziologischer und psychoanalytischer Theorien. Signum Verlag, Hamburg 1997
Bircher-Müller, Ursula: Der schwerhörige Patient. Quintessenz Verlag, München 1997
Blankenhahn, Rudolf: Hörgeräte-Ratgeber. Gustav Fischer Verlag, Stuttgart 1993
Bleidick, Ulrich u.a.: Einführung in die Behindertenpädagogik II. Kohlhammer Verlag, Stuttgart 1989
Böhme, Gerhard/ **Welzl-Müller,** Kunigunde: Audiometrie. Hörprüfungen im Erwachsenen- und Kindesalter. Huber Verlag, Bern 1993
Boenninghaus, Hans-Georg: Hals-Nasen-Ohrenheilkunde für Medizinstudenten. Springer Verlag, Berlin 1983
Fengler, Jörg: Hörgeschädigte Menschen. Beratung, Therapie, Selbsthilfe. Kohlhammer Verlag, Stuttgart 1990
Fengler, Jörg (Hrsg.): Handbuch der heilpädagogischen Psychologie, Kohlhammer Verlag, Stuttgart 1994
Fleischer, Gerald (Hrsg.): Gut hören – heute und morgen. Median Verlag, Heidelberg 2000
Friese, Karl-Heinz: Naturheilkundliche HNO-Praxis. Hippokrates Verlag, Stuttgart 2000
Friese, Karl Heinz: Homöopathie in der HNO-Heilkunde. Hippokrates Verlag, Stuttgart 1991
Geers, Volker J. u.a.: Technische Hilfe bei der Rehabilitation Hörgeschädigter. Springer Verlag, Berlin 1980
Hamann, Karl-Friedrich/**Schwab,** Werner: Schwerhörigkeit. Trias Verlag, Stuttgart 1991
Hauser, Rudolf: Anwendung otoakustischer Emissionen. Enke Verlag, Stuttgart 1995
Jütte, Robert: Geschichte der Sinne. Von der Antike bis zum Cyberspace. C.H. Beck Verlag, München 2000
Jussen, Heribert/**Claußen,** W. Hartwig: Chancen für Hörgeschädigte. Hilfen aus internationaler Perspektive. Ernst Reinhard Verlag, München 1991
Löwe, Armin: Früherfassung, Früherkennung, Früherziehung hörgeschädigter Kinder. Edition Marhold, Berlin 1992
Möller-Marko, Marinka: Das schwerhörige Kind. Auswirkungen einer Hörbehinderung auf die psycho-soziale und kognitive Entwicklung. Edition Schindele, Rheinstetten 1980
Plath, Peter (Hrsg.): Lexikon der Hörschäden. Gustav Fischer Verlag, Stuttgart 1995
Seidler, Harald: Schwerhörigkeit. Kaden Verlag, Stuttgart 1991
Wisotzki, Karl Heinz: Altersschwerhörigkeit. Grundlagen – Symptome – Hilfen. Kohlhammer Verlag, Stuttgart 1996